COGNIÇÃO E AFETO NA COMUNICAÇÃO:

CONECTANDO CORPO, MENTE, MEIO E TECNOLOGIA

Conselho Editorial

Alessandra Teixeira Primo – UFRGS
Álvaro Nunes Larangeira – UFES
André Lemos – UFBA
André Parente – UFRJ
Carla Rodrigues – PUC-Rio
Cíntia Sanmartin Fernandes – UERJ
Cristiane Finger – PUCRS
Cristiane Freitas Gutfreind – PUCRS
Erick Felinto – UERJ
Francisco Rüdiger – UFRGS
Giovana Scareli – UFSJ
Jaqueline Moll – UFRGS
João Freire Filho – UFRJ
Juremir Machado da Silva – PUCRS
Luiz Mauricio Azevedo – USP
Maria Immacolata Vassallo de Lopes – USP
Maura Penna – UFPB
Micael Herschmann – UFRJ
Michel Maffesoli – Paris V
Moisés de Lemos Martins – Universidade do Minho
Muniz Sodré – UFRJ
Philippe Joron – Montpellier III
Renato Janine Ribeiro – USP
Rose de Melo Rocha – ESPM
Simone Mainieri Paulon – UFRGS
Vicente Molina Neto – UFRGS

Apoio

Fátima Regis

COGNIÇÃO E AFETO NA COMUNICAÇÃO:

CONECTANDO CORPO, MENTE, MEIO E TECNOLOGIA

Copyright © Fátima Regis, 2022

Capa: Like Conteúdo
Editoração: Tiba Tiburski
Revisão: Adriana Lampert
Editor: Luis Antonio Paim Gomes

Bibliotecária responsável: Denise Mari de Andrade Souza CRB 10/960

R337c   Regis, Fátima
        Cognição e afeto na comunicação: conectando corpo, mente, meio e tecnologia / Fátima Regis. – Porto Alegre: Sulina, 2022.
        144 p.; 14x21cm.

        ISBN: 978-65-5759-080-5

     1. Meios de Comunicação. 2. Jornalismo. 3. Comunicação Social – Pesquisas. 4. Mídia. 5. Comunicação – Tecnologia. 5. Mídia. I. Título.

CDU: 070
316.77
CDD: 070
301
302

Todos os direitos desta edição são reservados para EDITORA MERIDIONAL LTDA.

Rua Leopoldo Bier, 644, 4º andar – Santana
Cep: 90620-100 – Porto Alegre/RS
Fone: (51) 3110.9801
www.editorasulina.com.br
e-mail: sulina@editorasulina.com.br

Setembro/2022
IMPRESSO NO BRASIL/PRINTED IN BRAZIL

Para Sylvio e Luísa

AGRADECIMENTOS

O presente livro consolida os resultados da pesquisa realizada pela autora no âmbito do Programa de Pós-Graduação em Comunicação da Universidade do Estado do Rio de Janeiro (PPGCOM/UERJ) no período de 2007 a 2022. Ao longo de todo esse tempo, foram muitos os encontros com pessoas e instituições aos quais sou muito grata.

Escrevi as primeiras páginas deste livro durante o estágio pós-doutoral realizado no *Center for 21st Century Studies*, University of Wisconsin-Milwaukee (UWM) e no *Department of Communication* – University of California, San Diego, com apoio do Programa Capes Print/UERJ. Então, agradeço primeiramente à UERJ, à Faculdade de Comunicação Social, ao Programa de Pós-Graduação em Comunicação, e à Capes, pela aprovação do projeto, pelo financiamento de meu estágio pós-doutoral e pela licença pós-doutoral.

Agradeço a meus orientadores, prof. dr. Richard Grusin (UWM) e profa. dra. Angela Booker (UCSD), pela recepção calorosa e pelo estímulo e trocas intelectuais. Agradeço à profa. dra. Maureen Ryan, pelo acolhimento e pela profícua interlocução teórica. Agradeço à Lauren McHargue, por todo apoio para desbravar a nova universidade.

Agradeço ao PPGCOM-UERJ, pelo apoio ao desenvolvimento e publicação deste livro. Agradeço, ainda, a todos/as colegas, corpo discente e corpo técnico, pelo ambiente acolhedor e estimulante que lá encontro.

Na vida acadêmica, há aqueles que são muito mais que

colegas: amigos – e aos quais agradeço a parceria, não apenas nesta obra mas ao longo da vida. Na impossibilidade de nomear a todos, registro aqui os mais presentes nessa pesquisa: Fernando Gonçalves, Ricardo Freitas, Erick Felinto, Cíntia Fernandes, Vinicius Pereira, Ieda Tucherman, Suely Fragoso e Simone Pereira de Sá.

Agradeço aos pesquisadores do CiberCog/LMD, por construírem um grupo de pesquisa baseado em amizade, espírito de equipe e inteligência. Agradeço a todos que passaram pelo grupo e, na impossibilidade de listar todos os nomes, escolho para representá-los os quatro membros fundadores do CiberCog: Alessandra Maia, José Messias, Letícia Perani e Raquel Timponi.

Agradeço a todos os meus alunos, pela troca de ideias que sempre instigam e me tiram do meu espaço de conforto.

A Sylvio e Luísa, faróis da minha vida, pelo amor incondicional, pelas trocas intelectuais e por todas as nossas aventuras.

A Maria Sales de Oliveira, por toda amizade e apoio constante ao longo de mais de 15 anos.

Agradeço a Editora Sulina, em especial a seu editor, Luis Gomes, pelo acolhimento desta e de outras obras.

Agradeço ao CNPq, à Faperj e ao Programa Prociência da UERJ/Faperj, pelas bolsas e fomentos que possibilitaram a realização desta pesquisa ao longo dos anos.

SUMÁRIO

INTRODUÇÃO 11

CAPÍTULO 1 – A VIRADA COGNITIVA 23
1.1 Articulando homem, mundo e pensamento 23
1.2 Breve história do conhecimento ocidental 26
1.3 A virada cognitiva: cognição corporificada e atuada 40

CAPÍTULO 2 – A VIRADA AFETIVA 59
2.1 A virada afetiva: o encontro do virtual filosófico
com a auto-organização da matéria 59
2.2 Do corpo organismo ao corpo auto-organizado 61
2.3 Sobre sistemas complexos, auto-organização da matéria
e processos de individuação 66
2.4 Corpo, afeto e emoção 78
2.5 Mídias, meios e mediações: começando pelo meio
com Simondon e Grusin 82

**CAPÍTULO 3 – TECNOLOGIAS DE COMUNICAÇÃO
E AS MODULAÇÕES SENSORIAL, PERCEPTIVA
E COGNITIVA NA MODERNIDADE E
NA CONTEMPORANEIDADE** 91
3.1 O cinema e a modulação perceptiva,
sensorial e cognitiva da Modernidade 92
3.2 As modulações afetiva e cognitiva nas mídias digitais 98
3.3 As viradas cognitiva e afetiva nos primórdios da cultura digital ... 99
3.4 Da cultura da participação à plataformização da cultura 111

**CAPÍTULO 4 – PROBLEMATIZANDO COMPETÊNCIAS
E LETRAMENTOS** 115
4.1 Indo além das competências 116
4.2 Ampliando os letramentos: dos letramentos sociais
às *new media literacies* 119
4.3 Letramentos digitais 124
4.4 Como incluir as viradas cognitiva e afetiva
no ensino-aprendizagem 128

REFERÊNCIAS 133

INTRODUÇÃO

É insuficiente, portanto, uma educação midiática que se concentre exclusivamente em processos conscientes, porque agora sabemos que 'a consciência só poderá ser compreendida se forem estudados os processos não conscientes que a tornam possível'.

Joan Ferrés e Alejandro Piscitelli

O presente livro consolida os resultados da pesquisa realizada pela autora no âmbito do Programa de Pós-Graduação em Comunicação da Universidade do Estado do Rio de Janeiro (PPGCOM/UERJ) no período de 2007 a 2022, junto ao grupo de Pesquisa CiberCog (Comunicação, Lúdico e Cognição) e ao Laboratório de Mídias Digitais. A pesquisa tem como tema as modulações sensoriais, afetivas e cognitivas do corpo/mente emergentes no acoplamento com mídias e tecnologias de comunicação. O objetivo da obra aqui proposta é apresentar os achados teóricos e metodológicos obtidos ao longo do estudo, evidenciando a importância das intensidades afetivas e outros fatores não conscientes nos processos comunicativos e cognitivos da cultura contemporânea. A originalidade da pesquisa reside no acento sobre a importância das intensidades afetivas e demais fatores não conscientes para os processos de subjetividade e sociabilização, que, geralmente, costumam ser menosprezados nas ciências humanas e sociais.

Nosso percurso se inicia na aurora da internet quando muitos pesquisadores (Lévy, 1993; Anderson, 2006; Johnson, 2001, 2005; Fragoso, 2001; Lemos, 2002; Santaella, 2003, Primo, 2007, entre outros) afirmavam que as transformações decorrentes da comunicação digital estimulavam um treinamento cognitivo em seus usuários. Com o objetivo de colaborar com esses estudos, observamos que havia uma lacuna no que se referia a um mapeamento mais completo e acurado sobre quais seriam precisamente essas habilidades e competências e como estariam reconfigurando as práticas cognitivas nas interações midiáticas. Para contribuir com o campo, endereçamos nossas investigações às lacunas observadas. Mapeamos, por meio de investigações teóricas e empíricas[1], as atividades e competências cognitivas atribuídas às práticas da comunicação digital, sobretudo com jovens. Já nessas pesquisas iniciais, observamos que para atuar na cultura digital, era preciso aprender ou aprimorar um grande espectro de competências: linguísticas e interpretativas; afetivas e sociais; lógicas; criativas; perceptivas, táteis, proprioceptivas entre outras habilidades motoras e sensoriais.

Ao revelar a importância de habilidades sensoriais e afetivas na comunicação digital, os achados da pesquisa trouxeram para o centro do debate fatores não conscientes que extrapolam o que os saberes das áreas de comunicação e de aprendizagem denominam por cognitivo. Esses achados nos levaram a buscar nas pesquisas experimentais das ciências

---

[1] Ver os relatórios das pesquisas: Regis, Fátima. *Tecnologias de Comunicação e Novas Habilidades Cognitivas na Cibercultura*. Projeto Prociência 2008-2011. Financiamento Uerj/Faperj, 2008.
Regis, Fátima. *Tecnologias de Comunicação, Entretenimento e Capacitação Cognitiva na Cibercultura*. Projeto Prociência 2011–2014. Financiamento Uerj/Faperj, 2011.
Regis, Fátima. *Tecnologias de Comunicação, Entretenimento e Capacitação Cognitiva na Cibercultura*. Projeto financiado pelo CNPq – 2013-2016, Bolsa de produtividade PQ2, 2012.

cognitivas, neurociências e psicologia cognitiva as chaves para compreender como corpo, tecnologia e afetos (fatores não-conscientes) interferem nos processos mentais conscientes.

Com base nos autores das ciências cognitivas (abordagens corporificada e atuada) pudemos relacionar os princípios que caracterizam uma virada cognitiva no pensamento ocidental: 1) a mente é corporificada e engloba o ambiente: é produto da interação complexa entre cérebro e corpo (incluídos, aí, intensidades, afetos e percepções), somada aos acoplamentos com o ambiente (pessoas e objetos); 2) a cognição é situada e depende do contexto e da experiência vivida; opera a partir de nossa relação (com objetos e pessoas) e exploração do mundo ao redor. Em suma: a mente envolve o ambiente e os processos cognitivos conscientes são afetados por intensidades "afetivas" e "não conscientes" do nosso corpo em constante modulação com o ambiente (Stern, 1998; Clark, 2003; Varela, 1990; Varela, Thompson & Rosch, 2001; Oliveira, 2003; Massumi, 1995, 2005; Grusin, 2010).

Essa percepção de que o corpo/mente se modula ao ambiente direcionou a pesquisa para os estudos dos teóricos da virada afetiva. Pesquisadores da autonomia do afeto (Massumi, 1995) e das mídias (Grusin, 2010) nos ajudaram a entender como ocorrem as modulações das intensidades afetivas nas vinculações com as mídias. Grusin se apoia nos estudos sobre sintonia afetiva de Daniel Stern (1998) para mostrar que nossa interatividade com a mídia produz um tipo de intensificação ou reduplicação das relações interpessoais afetivas, que denominou de mediação distribuída (2010) e, posteriormente, de mediação radical (2015a). Brian Massumi toma por base pesquisas experimentais das neurociências para demonstrar que os afetos não apenas não convergem com a produção de sentidos (campo sociolinguístico e intersubjetivo), mas se opõem a ela. O que aprendemos com esses autores é que as teorias que dão primazia a fatores conteudísticos, abordagens sociolinguísticas e representações socioculturais não são suficientes para explicar os processos de aprender, comunicar e socializar. Essa afirmação é de peso pois, nas ciências sociais e humanas – devido à forte tradição de privilegiar abordagens e métodos mais qualitativos, simbólicos e subjetivos –, observa-se uma certa resistência a aderir a estudos que explicam de que modo os fatores não conscientes afetam nossos processos decisórios e estados conscientes, de um modo geral. Recentemente, a rentabilidade desse debate ganhou fôlego devido à sua aplicabilidade em estudos sobre algoritmização, big data, e, também, no fenômeno da desinformação e proliferação de *fake news*. Nesse terreno, Fleming (2014) relata que a efervescência das *fake news* e campanhas de desinformação têm impulsionado as pesquisas sobre como as pessoas lidam com as notícias oriundas das diversas mídias. Esse ímpeto tem produzido o surgimento de novos conceitos para os estudos nas áreas de Mídia e Educação e Educomunicação: *News literacy, News appreciation ou News media literacies*. (Fleming, 2014; Murrock, Amulya, Druckman, Liubyva, 2018; Walter & Murphy, 2018; Sangalang, Ophir, & Cappella, 2019). O que particularmente chama a atenção nesses novos estudos de Educação para a Mídia é que eles demonstram que há primazia de afeto/emoção e uso de crenças preconcebidas (não apoiadas em evidências claras e fontes fidedignas) na interpretação e engajamento das pessoas com as notícias em seu cotidiano. Essas pesquisas vão ao encontro dos achados teóricos e pesquisas experimentais relatadas por Brian Massumi, Sarah Ahmed e Richard Grusin sobre o modo como fatores sensoriais e afetivos afetam, de modo não simbólico, o engajamento com as mídias.

Neste livro, propomos desenvolver discussões teóricas e metodológicas que argumentam de que modo corpo, afeto e objetos técnicos modulam nossos processos comunicativos e cognitivos. Demonstraremos que na comunicação o acoplamento entre corpo/mente e o aparato técnico-midiático operam de forma integrada modulando, afetos e cognições no processo que Grusin denominou de mediação radical (2015a). Vamos evidenciar que nesse percurso não se trata apenas de reconfigurar os sentidos, mas reivindicar novos saberes sobre o que são mente, processos cognitivos e comunicativos, letramentos e processos de aprendizagem, incluindo nesses os afetos, sensorialidades e outros fatores não conscientes. Esta reconfiguração implica questionar saberes construídos a partir das divisões das áreas científicas (disciplinas) que, ao focar em seus campos de estudo específicos, acabam por reduzir a complexidade dos "objetos" analisados. O desafio é se embrenhar por caminhos ainda não mapeados dos saberes e subjetividades que se apoiam em sistemas complexos e em perspectivas transdisciplinares. Para isso, nossa abordagem teórico-metodológica se alinha com as teorias e conceitos da teoria da complexidade (Prigogine & Stengers, 1997), teoria da cognição atuada/enação (Varela, 1990), pesquisa sobre ontogênese/individuação (Simondon, 2020; Hui, 2016), Teoria do ator-rede (Latour, 2005), estudos dos afetos/virada afetiva (Massumi, 1995; Ahmed, 2004; Clough, 2010), neomaterialismo e estudos feministas contemporâneos (Barad, 2007; Braidotti, 2018; Haraway, 1994). Essas teorias têm sido denominadas por "Virada não humana" (*The Nonhuman Turn* – Grusin, 2015b) e têm em comum as tarefas de descentrar o humano e contestar as dicotomias entre corpo e mente, indivíduo e meio, sujeito e objeto, orgânico e maquínico, razão e afeto, interior e exterior que fundamentam preceitos ontológicos e epistemológicos arraigados no pensamento ocidental. Essa conformação onto-epistemológica, que já sofreu várias contestações ao longo dos séculos XIX e XX, tem recentemente sido problematizada pelas teorias supracitadas.

Teorias e paradigmas são visões de mundo, modos pelos quais buscamos compreender a realidade ao nosso redor.

Trazendo as reflexões sobre a virada não humana para nosso tópico de pesquisa, a saber, as modulações corpo/mente e objetos técnicos para os processos comunicacionais, subjetivos e de sociabilidade, não podemos nos furtar de pensar as reformulações sobre o conceito de mente e de humano.

Desde meados do século XX – o que já contabiliza, pelo menos, umas sete décadas – o conceito de mente vem sendo amplamente debatido e reformulado pelas neurociências, ciências cognitivas e psicologia cognitiva, com base em pesquisas teóricas e experimentais. A ideia de que a mente é corporificada e modulada pelo acoplamento do corpo com o ambiente é, hoje, fato científico. Esse fato tem implicações sobre teorias e possibilidades metodológicas para os campos de estudos das Humanidades. Neste livro, privilegiamos as discussões nos campos da comunicação e da aprendizagem. Nesses campos, a discussão sobre os fatores não conscientes, tais quais afeto e sensorialidade, e o modo como afetam os processos mentais conscientes ainda é bastante tímida. Mas, a preocupação sobre a necessidade de incluir a discussão nas pautas acadêmicas existe.

Nas áreas da Comunicação e da Educação, quando se pensa em discutir as competências midiáticas que precisam ser desenvolvidas pelos jovens para que exerçam com consciência crítica seu papel de cidadãos no contexto midiático do mundo contemporâneo, um texto se destaca: o artigo *La competencia midiática: propuesta articulada de dimensiones e indicadores*, de autoria de Joan Ferrés e Alejandro Piscitelli (2012). O texto foi publicado na *Revista Comunicar* em 2012 e, em 2015, ganhou a versão em língua portuguesa, publicado pela *Revista Lumina*. O texto é amplamente adotado pelas áreas de Comunicação e Educação no âmbito da Península Ibérica e da América Latina, por sua clareza e propostas de mapeamento.

Nessa obra realmente seminal para as áreas de Mídia e Educação e Educomunicação, uma reflexão parece passar despercebida: os autores questionam se não é insuficiente qualquer proposta de debate sobre educação midiática que não considere as mudanças nos conceitos de mente:

> Entre os educadores, tende a haver muito mais predisposição a incorporar nos processos de ensino-aprendizagem as modificações produzidas pela revolução tecnológica do que assumir as contribuições da revolução neurobiológica.
> A neurociência virou de cabeça para baixo muitas das convicções sobre o funcionamento da mente mantidas por séculos na cultura ocidental. Com base na neurociência somos instados a mudar para sempre a maneira de pensarmos sobre nós mesmos. Na práxis educacional, parecemos muito mais dispostos a mudar nossa maneira de pensar sobre os meios do que mudar nossa visão de nós mesmos como interlocutores desses meios.
> As mudanças às quais a neurociência se refere têm a ver especialmente com a "influência que os processos emocionais e os processos não conscientes exercem sobre a mente consciente". Na práxis do letramento midiático apenas se dá atenção a esses processos [conscientes]. Resulta insuficiente, portanto, uma educação para a mídia que se concentra exclusivamente em processos conscientes, porque hoje sabemos que "a consciência só pode ser entendida se se estudarem os processos inconscientes que a tornam possível", nas palavras do neurobiólogo LeDoux (1999, 32). (Ferrés e Piscitelli, 2012, p. 78, grifos nossos. A tradução de todas as obras citadas em língua estrangeira nas referências bibliográficas é nossa).

Assim, Ferrés e Piscitelli conclamam para a discussão sobre os processos emocionais e não conscientes sobre a mente consciente. Curiosamente, apesar da grande repercussão do texto em mais de 20 países dos idiomas português e espanhol, não encontramos evidências de tal debate nas áreas da Comunicação e da Educação.

Neste livro, queremos contribuir com essa discussão trazendo à tona a questão de que se as ciências da mente definem a mente de modo diferente, e não apenas por sua atuação consciente, simbólica e sociolinguística; se a mente é entendida como algo que se articula a intensidades afetivas e processos não conscientes impossíveis de serem explicados por fatores sociolinguísticos e/ou simbólicos ou pelos estudos de produção de sentido, isso também não implicaria em repensarmos conceitos caros à Comunicação, indissociáveis da ideia de mente, tais quais: o indivíduo, os processos de comunicação e os processos cognitivos, entre outros?

Para se endereçar a essas questões, este livro é organizado em quatro capítulos.

O capítulo 1 – "A virada cognitiva" – se dedica a construir um breve histórico sobre as possibilidades de construção de conhecimento ao longo dos séculos na sociedade ocidental. O capítulo inicia com um breve mapeamento dos conceitos de mente e pensamento a partir de uma perspectiva filosófica. Na segunda parte deste capítulo são apresentados os achados das ciências cognitivas, neurociências e psicologia cognitiva no século XX que resultaram na compreensão de que a "cognição" é um processo corporificado e contextualizado e de que a "mente" emerge da integração corpo/mente em conexão com o meio (pessoas e objetos técnicos) ao redor.

O capítulo 2 – "A virada afetiva" – apresenta os principais conceitos e autores de uma nova abordagem sobre os afetos e emoções. Os teóricos da virada afetiva contra-argumentam as abordagens socio-construtivistas – que buscam explicar tudo a partir do discurso, do simbólico e do sociolinguístico –, deixando em segundo plano a materialidade do corpo e sua conexão com o mundo.

O texto dialoga com Brian Massumi, Sarah Ahmed, Eve Sedgwick e Patricia Clough, teóricos da virada afetiva, que realizaram o grande feito de articular as concepções de corpo, virtual e afeto presente nas obras filosóficas de Henri Bergson, Gilles Deleuze & Félix Guattari e Baruch Spinoza e, integrá-las aos conceitos de auto-organização da matéria presente nas pesquisas de ciência experimental de Ilya Prigogine & Isabelle Stengers, na cognição atuada de Francisco Varela e nos trabalhos de individuação psíquica, biológica e coletiva de Gilbert Simondon. Essa visada teórico-metodológica permitiu dar concretude à discussão sobre as interações entre corpo, matéria e pensamento, compreendendo-os enquanto instâncias concretas, situadas e acopladas ao ambiente ao redor.

Ainda no capítulo 2, recorremos às teorias de ontogênese/individuação (Simondon, 2020), cognição atuada (Varela, 1990) e sistemas complexos (Prigogine & Stengers, 1997; Oliveira, 2003) para explicar e embasar teoricamente a transição do conceito de corpo organismo (característico da Modernidade) – o corpo biológico, aberto às trocas de matéria e energia – para o corpo da virada afetiva: o corpo biomediado, auto-organizado, o corpo que surge com a teoria dos sistemas complexos, o corpo que se auto-organiza e é informacional.

Alinhado com a teoria dos sistemas complexos, o corpo auto-organizado (autoafectivo) constitui a materialidade que invoca não as relações entre indivíduos já constituídos, finalizados (relações definidas a partir das propriedades desses indivíduos 'prontos', características do corpo-organismo) –, e sim o que se pode chamar de "potencialidades conectivas", fundamento de uma capacidade imanente de engendrar estruturas, de produzir formas a partir de trocas informacionais e fluxos de intensidade afetiva com o meio. Desse modo, a virada afetiva reúne a discussão filosófica do virtual com a discussão sociotécnica das interações humano-técnica. A virada afetiva converge com preceitos da virada cognitiva, permitindo uma nova formulação das modulações corpo-mente com mídia-tecnologia.

Os estudos da virada afetiva convergem com a virada cognitiva para demonstrar que o corpo/mente atua em sintonização constante com o ambiente material e social, por meio dos fluxos e intensidades trocados, incluindo aí afetos e demais fatores não conscientes. Uma vez que os dispositivos tecnológicos, neste caso as mídias, permeiam essas trocas, o sistema de mídias pode intensificar a proliferação dos afetos e *moods* entre humanos e não humanos, produzindo o que Grusin chama de mediação distribuída (2010) ou mediação radical (2015a), ou seja, a produção de conjuntos (*assemblages*) dinâmicos e heterogêneos, compostos de vários elementos técnicos, sociais, estéticos, econômicos e políticos que se fundem e se reagrupam em formações mutáveis, mas relativamente estáveis, distribuídas por toda a sociedade.

O capítulo 3 dedica-se a debater as relações entre as tecnologias de comunicação e as modulações sensoriais, perceptivas e cognitivas do corpo-mente. O capítulo começa na modernidade, dedicando-se ao cinema e suas afetações na produção de subjetividade e nos processos perceptivos, sensoriais e cognitivos. A seguir, explica-se as modulações afetiva e cognitiva nas mídias digitais. Aqui inicia-se nos primórdios da cultura digital, mostrando a modulação de habilidades e competências cognitivas no acoplamento com as mídias e redes digitais. O texto discute a transição da cultura da participação à plataformização da cultura. O destaque é dado ao modo como afetos e comportamentos podem ser intensificados pela forma de operar dos algoritmos e *softwares* de inteligência artificial que amplificam, por meio de *feedback* (viés de confirmação), crenças arraigadas, preconceitos, comportamentos e afetos, demonstrando a tese da virada afetiva: há primazia de afeto e afetações sensoriais (fatores não conscientes) nas interações das pessoas com conteúdos de desinformação e ódio, resultando insuficiente tratá-los com abordagens representacionais e/ou socioconstrutivistas.

O quarto e último capítulo – "Problematizando competências e letramentos" – dedica-se a discutir as possibilidades e limites dos conceitos de competência e letramentos, dois dentre os principais conceitos que definem os processos de ensino-aprendizagem, caros às abordagens teóricas nos campos da Comunicação e da Educação. A proposta do capítulo é provocar a reflexão sobre a necessidade de atualizar as concepções sobre individuação, corpo/mente, processo cognitivo e intensidades afetivas nas questões relacionadas a letramentos midiáticos. O objetivo disso é sensibilizar para a construção de abordagens teórico-metodológicas capazes de enfrentar de forma mais adequada questões contemporâneas como a desinformação, *fake news* e discursos de ódio.

CAPÍTULO 1

A VIRADA COGNITIVA

Talvez os pesquisadores do boneco de neve da primeira história não tenham conseguido encontrar a cognição porque a procuraram no lugar errado – na "mente", e não no corpo que estavam monitorando.

Brian Massumi

1.1 Articulando homem, mundo e pensamento

Em uma perspectiva mais ampla, refletir sobre o que é cognição implica discutir o que são e de que maneira se articulam humanos, mundo e pensamento. Implica, ainda, compreender qual a natureza do pensamento e de que modo corpo e mente se articulam. É necessário investigar como o pensamento opera para "conhecer" o humano, o mundo e a si mesmo (ação reflexiva do pensamento sobre ele próprio). Por fim, é preciso também indagar qual o papel atribuído ao corpo, sensações, percepções, afetos, mundo e tecnologias nas operações mentais. Essas questões sobre o que é e como fazemos para conhecer são antigas e definidoras das sociedades humanas[2]. No plano científico, emparelham-se com o nascimento da própria filosofia. Apesar da importância e longevidade das reflexões sobre a mente humana, os estudos experimentais para embasá-las são, de certo modo, bastante recentes. Devido às dificuldades de se empreender pesquisas sobre a mente com base empírica, até pouco tempo atrás o tema era analisado quase que exclusivamente por meio de abordagens filosóficas.

A partir do final do século XIX, investigações da Psicologia e da Neurologia adotaram abordagens experimentais. No século XX, essas disciplinas receberam reforços das incursões científicas das áreas de neurociências, biologia, linguística, inteligência artificial e robótica. Os esforços de todos esses campos e da própria filosofia convergem para a inauguração das ciências cognitivas, em meados do século XX.

Os achados das ciências cognitivas – um campo amplo, constituído por disciplinas distintas, compostas por abordagens teóricas e experimentais, por vezes contraditórias entre si – colocam em xeque importantes preceitos, alguns milenares, sobre a natureza da mente humana, seu modo de operar e suas relações com o mundo e, consequentemente sobre a própria definição de homem. Para ilustrar a magnitude das questões aqui em pauta, recorremos a George Lakoff e Mark Johnson – que resumem assim os principais achados das pesquisas de algumas dentre as diversas abordagens das ciências cognitivas: a mente é inerentemente corporificada. O pensamento é, na maior parte, não consciente[3]. Os conceitos abstratos são, em grande parte, metafóricos. Esses são três achados vultuosos das ciências cognitivas (1999, p. 3).

---

2 Neste livro, adotamos a ótica das sociedades ocidentais.
3 Optamos por traduzir a palavra "*unconscious*" da língua inglesa por não consciente a fim de que o conceito não seja confundido com o "inconsciente" de Freud.

Os achados mencionados por Lakoff e Johnson referem-se a investigações teóricas e experimentais ocorridas nas últimas décadas nos domínios das ciências cognitivas que têm redimensionado as teses sobre o funcionamento do sistema nervoso e suas articulações com o organismo e o ambiente ao redor. Esses estudos permitem a formulação de novas perguntas sobre o estatuto da razão, da consciência e da linguagem e sobre a hegemonia dessas para os processos cognitivos. Observa-se em diversas pesquisas (Lakoff & Johnson, 1999; Varela, 1990; Varela, Thompson & Rosch, 2001; Clark, 2001, 2003; Damásio, 2000; Dennett, 1996; Hutchins, 1996; Norman, 1993) a tendência a considerar que os processos cognitivos ocorrem em situações concretas, tal qual o resultado das interações entre cérebro/corpo e mundo (incluídos aqui os objetos técnicos e as interações sociais), engendrado por nossa história biológica e cultural.

Ao postular a centralidade da articulação entre corpo e interações sociotécnicas para os processos cognitivos, essas abordagens convergem com discussões no campo da comunicação sobre as potencialidades cognitivas das tecnologias de informação e de comunicação (TIC). Alinhado com essa perspectiva, este capítulo pretende demonstrar as contribuições das pesquisas cognitivas que consideram que a mente atua em conjunto com o corpo e suas interações com os outros e os objetos técnicos para as investigações de produtos midiáticos e práticas de comunicação, agora pensados em outros termos. Para tanto, este capítulo se desdobra em mais duas partes. O item 1.2 traça um breve mapeamento sobre os conceitos de mente e as condições do conhecimento, com uma perspectiva eminentemente filosófica. O item 1.3 retoma as principais ideias das correntes das ciências cognitivas que engendraram uma virada cognitiva nos processos mentais. Este subcapítulo aborda as maneiras pelas quais esses estudos podem auxiliar em discussões caras à área de comunicação hoje, tais como plataformização da cultura, algoritmização, e outras.

1.2 Breve história do conhecimento ocidental[4]

As atividades cognitivas são inerentes à toda prática humana. De modo que, certamente, podemos afirmar que variadas práticas cognitivas e modos de conhecimento tomaram lugar nas atividades sociais, culturais, políticas e econômicas humanas das mais diferentes culturas e ao longo de toda a história. Nosso interesse neste capítulo não é fazer um mapeamento dessas práticas cognitivas concretas, mas antes, estudar, como o conceito sobre o que é conhecimento e suas condições de possibilidade foram teoricamente construídos e debatidos, sobretudo no campo da filosofia ocidental até os dias atuais.

Nas primeiras sociedades humanas vigorava o pensamento mítico que explica a origem do mundo e o funcionamento da natureza com base em uma ordem divina, misteriosa e sobrenatural. Sendo um discurso de fundação, o saber mítico organiza o conhecimento como uma verdade absoluta e inquestionável. A primeira cultura a se debruçar sobre o conhecimento com base em princípios lógicos e racionais foi a grega.

Na Grécia Antiga, crenças míticas trazidas por comerciantes e viajantes de culturas diferentes se confrontam, gerando uma relativização do mito como crença universal em uma verdade absoluta. A filosofia surgiria então dessa insatisfação com as explicações pouco racionais do pensamento

---

4 O conjunto geral de ideias que compõem esta seção foi publicado anteriormente na obra de Regis, Fátima et al. (orgs.). *Tecnologias de Comunicação e Cognição*. Porto Alegre: Sulina, 2012. Naquela versão, contudo, não estava desenvolvida a ideia de virada cognitiva, nem a ênfase da argumentação que evoca uma completa mudança de perspectiva ontológica e epistemológica da cognição.

mítico. Os primeiros filósofos – da escola jônica – buscaram explicações naturais para explicar os fenômenos da própria natureza: *physis*. Para esses filósofos, o conhecimento era garantido por meio do *logos*. *Logos*, em grego, significa discurso, mas, em contraponto ao discurso mitológico, mágico e sobrenatural, *logos* é um discurso racional e argumentativo. Esses filósofos também acreditavam que o cosmos é organizado de modo racional, produzindo uma correspondência entre o homem e o cosmos, e, garantindo o conhecimento deste pela razão humana (Vernant, 1992; Marcondes, 2002).

A filosofia de Parmênides talvez seja o ápice da garantia do conhecimento com base na identificação entre *logos* e cosmos. Uma das máximas do pensador – "pois o mesmo é pensar e ser" (Parmênides, 1993, p. 45, fr. 3) – propõe que a racionalidade do cosmos é de mesma natureza que a razão humana, permitindo assim que o homem possa pensar (conhecer) o ser (real em seu sentido primeiro). Para isso, o homem deve buscar o caminho da verdade, afastando-se da opinião, constituída por sentidos, impressões e percepções.

Ao longo da história da filosofia, as condições de possibilidade de conhecimento oscilam entre conceitos nos quais o processo de conhecer é ora inato, intuído, ora passível de ser induzido a partir das sensações e percepções da experiência sensível.

Opondo-se a Parmênides, os sofistas procuram conhecer o mundo com base em sua aparência apenas. Pregam que as coisas são o que parecem ser, da forma que se mostram a nossa percepção sensorial. Afastam-se, portanto, da ideia de uma verdade única, absoluta e transcendente. O sofista Górgias chega a declarar que "nada existe que possa ser conhecido; se pudesse ser conhecido não poderia ser comunicado, se pudesse ser comunicado não poderia ser compreendido" (apud Marcondes, 2002, p. 44). Considerando que nosso mundo é o mundo da diferença e das mudanças, os sofistas buscam o conhecimento na experiência concreta do real. Assim, o conhecimento poderia ser múltiplo, relativo, mutável e derivado da retórica.

Para combater o clima de impossibilidade do conhecimento universal, legado dos sofistas, Platão (1996) funda sua filosofia com base na existência de dois mundos: inteligível e sensível. No mundo inteligível, só há formas eternas, perfeitas e imutáveis. É o lugar onde a virtude, o bem e a justiça existem em formas perfeitas. Lá se encontram as verdades absolutas. Ele é a fonte verdadeira do conhecimento que, em Platão, se identifica com o bem. O mundo inteligível serve de modelo para o nosso mundo concreto, o sensível. Este é o mundo das sombras efêmeras, transitórias, lugar de degradação. Por meio das reminiscências, podemos ter acesso ao Inteligível. Em *Fedro* [19–], com a bela alegoria da procissão das almas, Platão explica como as reminiscências são possíveis: antes de nascer, as almas contemplam o mundo das essências e observam o bem e todas as virtudes em sua forma mais pura. As reminiscências seriam o conhecimento resultante dessa contemplação das essências que é retido pela alma antes de encarnar no corpo material e mortal. Para recuperar o conhecimento – inato – que reside nas reminiscências, é preciso usar os conhecimentos abstratos da matemática e a dialética (método filosófico). Platão fortalece, assim, a tradição inaugurada por Parmênides de que o conhecimento é inato e baseado unicamente na razão. Na filosofia platônica, tudo que pertence ao mundo sensível e as formas de conhecimento neste – sensações e percepções – conduzem ao erro. São aparências e não essências. Platão estabelece, assim, uma longa tradição filosófica segundo a qual as fontes do conhecimento são *a priori*, ou seja, anteriores e independentes da experiência humana e da cultura.

Discípulo de Platão, Aristóteles segue em busca da verdade universal, porém desvia-se da filosofia do mestre. Em

A Metafísica (1969), descreve o desejo do homem pelo conhecimento. Para o filósofo de Estagira, conhecer é um processo linear e cumulativo. Ou seja, ocorre sem rupturas e desvios e progride passo a passo. Ele pressupõe que existem cinco etapas para o conhecimento. Cada etapa pressupõe o estágio anterior.

As cinco etapas são: sensação, memória, experiência, arte/técnica e teoria/ciência. O processo de conhecer inicia-se com as sensações. Ao contrário de Platão, para quem os sentidos são sombras, Aristóteles valoriza os sentidos e o prazer que estimulam. Para ele, os sentidos são o ponto de partida do conhecimento. O segundo passo é a memória. Sua função é reter os dados sensoriais obtidos pelos sentidos para que o processo de conhecimento vá adiante. Os animais com memória são mais aptos a aprender e mais inteligentes. Em Aristóteles, o aprendizado tem relação com a memória e os sentidos. Aprendem os que têm memória. Os animais que não a possuem, não atingem a próxima etapa do conhecimento: a experiência.

Intrínseca ao humano, a experiência é a capacidade de relacionar os dados sensoriais retidos pela memória. Ela permite identificar a repetição e regularidade de dados. Desse modo, fazemos associações, chegamos a conclusões e temos expectativas. Por exemplo, se A está sempre associado a B, o aparecimento de A gera a expectativa de B. A experiência é o conhecimento prático baseado na repetição. A pessoa sabe fazer algo, mas não sabe o porquê disso.

O quarto passo é a *téchne*, que pode ser traduzida por arte ou técnica. Os gregos não distinguem entre a atividade de um artesão e de um artista. Tanto a atividade do marceneiro quanto a atividade do escultor são artes e técnicas. O saber da *téchne* não se restringe a um saber prático: o detentor da arte tem o conhecimento das teorias e regras. Conhece a relação entre causa e consequência. Por exemplo, um engenheiro sabe mais do que os operários. O operário executa funções pelo hábito, pela aptidão prática, mas não conhece as teorias da construção civil. É apenas no nível da técnica que se pode ensinar, uma vez que ensinamento envolve determinação de regras e relações causais.

O quinto e último passo no processo de conhecimento é a ciência/teoria (episteme). A ciência aqui é a própria filosofia, entendida como a ciência das causas e princípios. Diferente da técnica, que é um saber aplicado – visa a um fim específico, obtenção de resultados e resolução de problemas –, a ciência não visa a fins últimos. A ciência é o grau mais elevado do estado de conhecimento, em seu sentido mais abstrato (conhecimento de conceitos e princípios). Saber contemplativo, visão da verdade, não tem objetivos práticos ou fins imediatos. Saber gratuito, satisfaz a curiosidade do homem (desejo de conhecer). É o saber sobre as leis da natureza e do cosmos. É essa gratuidade e abstração que garantem a superioridade da episteme em relação à técnica. A filosofia consiste num tipo de ciência mais elevada, mais afastada dos sentidos. Desvinculação da prática[5]. Não é somente o conhecimento puro das causas e princípios, mas o das causas primeiras e universais (genérico, abstrato). Trata-se dos domínios da metafísica – a filosofia primeira, suprema ciência – que avalia a natureza do real no sentido abstrato.

Em Aristóteles, apesar da supremacia filosófica, a observação empírica não é fonte de erro: por meio da indução, as observações podem conduzir a verdades mais absolutas (conhecimento verdadeiro). Ainda na Antiguidade, o epicurismo e o ceticismo, sobretudo o de Sexto, são exemplos de doutrinas consideradas empiristas.

---

5 Somente no início do período Moderno nos séculos XVI e XVII – com Galileu Galilei, Francis Bacon – que ciência e técnica vão ser pensadas em interação, a técnica sendo uma aplicação prática do conhecimento científico.

Concluímos, então, que na Antiguidade não havia um consenso em torno do que é ou dos modos de operação da cognição. Entre os filósofos dogmáticos – Platão, Aristóteles, Epicuro e estoicos, por exemplo –, reservadas as diferenças intrínsecas do pensamento de cada um, percebe-se um certo alinhamento em relação à ideia de que é possível atingir o conhecimento verdadeiro por meio da razão. Uma segunda posição seria a dos sofistas Protágoras e Górgias que consideram a verdade inapreensível. Já os céticos, seguidores de Pirro, persistiam em busca contínua pela verdade.

Situando-se na interseção entre a filosofia antiga e a medieval, Santo Agostinho segue a linha de Platão de que a linguagem é arbitrária (cada cultura tem uma) e não pode levar à cognição. Concorda também que o conhecimento não pode ser derivado apenas da experiência sensível e concreta, precisa de um elemento prévio (inatismo). No lugar da teoria das reminiscências, Santo Agostinho propõe que os princípios da razão se apoiam em uma verdade interior, uma luz interior, colocada por Cristo nos corações dos homens. Em *Sources of the self*, Charles Taylor explica que é Santo Agostinho, com o conceito de *"In interiore homine"*, quem inicia o processo de interiorização do homem: prega que o principal caminho para Deus não está na contemplação dos objetos, mas em nós mesmos. Deus não é apenas um ser transcendental ou um princípio de ordenação do que existe; Ele é o princípio subjacente de toda atividade de conhecimento. Voltando-se para nós mesmos, encontraremos uma luz interior que é dada por Deus e fonte para conhecer a verdade (Taylor, 1996, p. 129).

Grosso modo, a filosofia medieval buscou unir filosofia e religião, razão e fé. Nesse contexto, destaca-se São Tomás de Aquino, que reúne com sucesso os princípios aristotélicos ao cristianismo. Enquanto Santo Agostinho busca o conhecimento e a prova da existência de Deus nas verdades inatas e na revelação, Tomás de Aquino busca conciliar a revelação com as evidências de Deus no mundo natural. Danilo Marcondes aponta que, em Tomás de Aquino, os argumentos das "cinco vias" da prova da existência de Deus abrem caminho para uma revalorização do mundo natural como objeto do conhecimento (2002, p. 130). O escolástico prega que o Criador deixa sua marca naquilo que cria, impulsionando o interesse pela investigação científica do mundo natural. Essa via de análise será fundamental para as transformações no campo das artes e das ciências vindouras.

Do conhecimento contemplativo ao conhecimento criador

Ao final da Idade Média, o processo de conhecimento é uma mistura das diversas abordagens anteriores, congregadas sob a denominação de saber das semelhanças[6]. Como diz o nome, é uma forma de conhecimento fortemente balizada pelas analogias: o mundo sensível espelha o cosmos, as artes técnicas imitam a natureza e o homem assemelha-se ao Criador. A centralidade do homem fundamenta-se na configuração geocêntrica do cosmos aristotélico-cristão: finito, circular e perfeito. O saber das semelhanças é um conhecimento contemplativo: o homem contempla o mundo buscando decifrar as marcas e assinalações que o Criador deixou a fim de desvendar a verdade oculta sob os objetos. Pelo modo de operar do saber das semelhanças, o mundo é estável e a verdade está nos objetos. Os procedimentos científicos acolhem magia, artes técnicas e erudição (conhecimento do saber da Antiguidade – idade do ouro, ordem primeira, transparente do mundo).

No decorrer dos séculos XV e XVI, devido à confluência de diversos fatores – Reforma Religiosa, Grandes Navegações

---

[6] Para uma discussão mais densa sobre o saber das semelhanças, ver Foucault (1992) e Crombie (1996).

e, consequente descoberta do Novo Mundo e, sobretudo, devido aos avanços nos campos das artes técnicas –, o saber das semelhanças conhece a sua derrocada. Um dos principais motivos é justamente o sucesso dos artefatos e instrumentos técnicos (que antes garantiam a semelhança com o criador). Um exemplo clássico ilustra o fato. O aperfeiçoamento da luneta por Galileu fez com que este defendesse a tese copernicana de um cosmos heliocêntrico. O modelo heliocêntrico desqualificava o modelo de cosmos geocêntrico aristotélico-ptolomáico que perdurava há vinte séculos. Os instrumentos científicos fundaram a Física Experimental, que, a partir de instrumentos e medidas, desconstruiu toda a base do conhecimento, que era lógico e discursivo, até então.

O corte epistemológico ocorrido aqui foi vultuoso. Durante vinte séculos, o homem europeu acreditou que a Terra reinava imóvel no centro do universo. Com base na física instrumental descobriu-se que a Terra não é imóvel e nem se encontra no centro do universo. A premissa aristotélica de que ver é igual a conhecer (Aristotéles, 1969), tropeça e cai diante da capacidade de medida e aferição dos instrumentos técnicos, da observância ao método científico e da comprovação da experiência em laboratório. Os nossos sentidos e percepções nos enganam. Como conhecer? Como ter certeza sobre o que conhecemos?

O século XVI chega ao fim com todo seu escopo científico em ruínas. Popkin (1969, p. 16) afirma que as dúvidas colocadas por Michel de Montaigne, Francisco Sanches e Pierre Charron – os céticos que tiveram maior repercussão entre o Renascimento e a Idade Moderna –, foram devastadoras para seus contemporâneos. As questões céticas apresentavam dificuldades que pareciam intransponíveis na busca de conhecimento e de certeza.

Mas, se os princípios filosóficos da ciência se encontram numa posição de xeque-mate, sua aplicação – a técnica – só experimenta sucessos. O desenvolvimento das artes técnicas será fundamental para o surgimento de um novo tipo de conhecimento.

Conhecimento criador

No período renascentista, os avanços da matemática e da mecânica catapultaram a produção de mecanismos, engenhos, modelos e protótipos da natureza. A eficácia inegável desses artefatos técnicos conferiu-lhes grande legitimidade no campo da ciência e conhecimento. Na época, duas ideias complementares fundamentam os processos de criação e de produção das artes e técnicas: a "mente projetista" (os projetos são pensados primeiramente) e o "fazer e conhecer" (só conhece quem faz).

Leonardo Da Vinci ilustra com maestria a ideia da mente projetista:

> A Astronomia e outras ciências procedem por meio de operações manuais, que são primeiro mentais, como na pintura que está primeiro na mente que teoriza sobre ela; mas a pintura não pode alcançar a perfeição sem operação manual (apud Crombie, 1996, p. 100).

Já o médico português Francisco Sanches explica a relação intrínseca entre fazer e conhecer. O cético defende que só se conhece aquilo que se cria: relojoeiro conhece o relógio porque ele mesmo o montou. O homem não criou a natureza; não pode conhecê-la. O sucesso na criação de artefatos técnicos modifica a noção de conhecimento criador que de argumento cético passa a princípio lógico de conhecimento.

O sucesso das artes técnicas autoriza a transposição dos

métodos de conhecimento sobre o que o homem produz para o conhecimento do mundo do Criador. Se os modelos artificiais correspondem à realidade, a natureza pode ser conhecida por meio de representações fidedignas. Conhecer aqui se torna "representar", inaugurando a tradição da importância do processo das representações como método de conhecimento. As ideias não precisam mais ser procuradas na natureza, elas são "criadas" na mente dos homens. O conhecimento por "contemplação" é substituído pelo conhecimento por "criação" (aqui o conhecimento se dá no sujeito, no interior da mente humana). O relógio, invenção humana e símbolo de precisão e funcionalidade, é metáfora do universo.

A mudança sobre as produções cognitivas da arte e da técnica aqui são de grande monta: arte e técnica deixam de ser modos de imitar a natureza e tornam-se processos de criação de representações que permitem reordenar e controlar a natureza. Essa revolução reacende a candente discussão entre duas formas de se compreender o processo de conhecimento. Racionalismo (cuja fonte de saber são as ideias inatas) e Empirismo (cuja fonte de saber são as sensações).

Racionalismo e Empirismo
Racionalismo: René Descartes e o sujeito como garantia do conhecimento

Com o objetivo de superar a dúvida cética e elaborar um método científico objetivo, René Descartes segue um longo processo dedutivo – o das ideias claras e distintas – até chegar ao cogito "Penso, logo existo". O cogito garante apenas a existência da "coisa que pensa": a alma. Para demonstrar racionalmente a existência do mundo físico – incluindo o próprio corpo –, Descartes irá provar a existência de Deus, garantia última de qualquer subsistência e, portanto, fundamento absoluto da objetividade[7]. Se a existência de Deus é garantia da objetividade, pode-se ter certeza de que o mundo físico existe. A passagem da certeza a respeito da existência do pensamento (*res cogitans*) para a certeza sobre a existência do mundo físico (*res extensa*) pressupõe o apoio em Deus (*res infinita*). Deus é o intermediário entre duas certezas: a de que "sou uma coisa que pensa" e a de que "tenho realmente um corpo". O homem é o ser constituído no dualismo entre duas finitudes de naturezas distintas: o corpo (ordem da natureza, *res extensa*) e a alma (ordem da razão, *res cogitans*), mediadas pela infinitude divina.

Embora a garantia do conhecimento seja dada pela existência de Deus, é a alma que realiza todo o processo de atividade mental e representacional. Para realizar a tarefa a contento, a alma deve objetivar o corpo, ou seja, livrar-se das percepções e sensações provenientes do mundo sensível. Richard Rorty explica que a mente cartesiana funciona como um espelho, contendo representações que podem ser estudadas por métodos puros, não empíricos (Rorty, 1994, p. 27). A filosofia cartesiana estabelece uma série de preceitos que têm sido colocados em questão com as recentes pesquisas no âmbito das ciências cognitivas. Dentre eles, a ideia implícita no cogito de que todo pensamento é pensado (não há o impensado) e consciente, e, por consequência, a noção de que

---

7 O Deus cartesiano garante a objetividade do conhecimento científico e torna-se a expressão do otimismo racionalista que pressupõe que ao máximo de clareza subjetiva corresponde o cerne da objetividade. Na sexta de suas *Meditações*, Descartes demonstra racionalmente a existência do mundo físico, também com base na bondade e veracidade divinas. O mundo é criação de um ser onipotente. Além disso, a ideia de extensão (algo dotado de grandeza e forma) existe no espírito humano, é fundamental para a geometria e torna possível a existência dos corpos. A ideia clara e inata de extensão é também assegurada pelo bom Deus: é porque Deus é bom que a imagem que o homem faz de um mundo exterior não é uma ficção de sua mente, apoiada em dados sensíveis.

o pensamento está sempre acompanhado de uma consciência de si. Para os cientistas cognitivos (ver seção 1.3), sobretudo os da cognição corporificada e atuada, o pensamento não é sempre consciente. Na verdade, é bem o contrário: os processos cognitivos emergem da rocha sólida que é o aparato sensório-motor e das interações com o ambiente ao redor. Desse modo, os novos estudos da mente irão desqualificar, com base em pesquisas experimentais, as teses cartesianas de que o processo de conhecimento é atributo exclusivo da alma que opera no interior do sujeito, na substância pensante, isolada do mundo sensível e dos objetos técnicos.

Empiristas ingleses: ápice das vivências

Bem antes das ciências cognitivas, as concepções de conhecimento cartesianas já haviam sido contestadas (apenas em base filosófica) pelos empiristas ingleses, encabeçados por John Locke, George Berkeley e David Hume. Em *Ensaio sobre o entendimento humano*, John Locke reencontra na experiência sensível a fonte do conhecimento. Para ele, as percepções e sensações são a porta de entrada para o processo cognitivo. Elas são qualidades primárias e simples, provenientes da experiência, que serão processadas pela reflexão, transformando-se em ideias complexas.

García Morente explica que Locke, ao conferir credibilidade às sensações e percepções, mantém a crença em "uma realidade existente em si e por si, fora do eu" (1980, p. 183-4). Para Morente, Locke dá um passo atrás no sentido em que ignorou os achados científicos que colocaram em questão a fidedignidade das sensações e percepções para a construção de conhecimento. Contra essa ideia de Locke, Berkeley propõe um psicologismo exacerbado: as cores, os sabores só existem enquanto vivências, fenômenos psíquicos concretos, vivências pessoais. Ao final de seu argumento, Berkeley também recorre a Deus para garantir que "essas vivências não se põem em mim elas sozinhas; põe-nas em mim Deus, que é puro espírito, como eu" (apud Morente, 1980, p. 185).

David Hume chama essas vivências de impressões – por exemplo, a sensação de ver uma cor quando olhamos para uma camisa verde. Chama de ideias às "representações" que as impressões deixam quando não estamos mais expostos a elas. Mesmo não estando mais na presença da camisa verde, podemos imaginar, lembrar dela, ter a ideia de verde. Desse modo, as ideias simples, provenientes de impressões de nossa vivência psicológica, não trazem problema algum para o conhecimento. O problema são as ideias complexas: a identidade do eu, a causalidade e a ideia de Deus. Estas não são provenientes de nenhuma impressão primeira. O empirista defende que não há garantia para inferir que um evento do passado necessariamente seja a causa de outro no futuro. Para ele, nós nos habituamos a "completar os pontos", criar regularidades entre os fatos, mas efetivamente não podemos observar essas relações causais. O argumento de Hume é que essas ideias carecem de realidade: delas só podemos ter crenças e não certezas. Hume abole, assim, qualquer possibilidade de conhecimento objetivo sobre o mundo exterior. E mais, já que não existe uma "impressão" de eu, Hume descarta a substância pensante – o eu como espelho da mente cartesiano – que sobrevivera a Locke e Berkeley.

Kant: síntese de razão e empiria

Caberá a Kant a difícil tarefa de sistematizar um sistema de pensamento que concilie as inquietações racionais e empíricas. Em *Crítica da Razão Pura*, balizado pelos saberes de Newton, Hume e Leibniz, Kant sintetiza os pontos de vista racional e empírico. O filósofo alemão conjura os juízos sintéticos *a priori*, demonstrando que o processo de conhecimento ocorre primeiro por meio das intuições e conceitos, produtos das faculdades apriorísticas do conhecimento – sensibilidade e entendimento –, portanto, inatas e independentes da experiência. Mas, que precisam ser confirmados pela experiência, daí os juízos não serem meramente analíticos (tautológicos), mas sintéticos. Na equação do conhecimento kantiana, os objetos e o mundo exterior – que só podem ser conhecidos enquanto fenômenos – são subjugados à razão do sujeito do conhecimento.

Conforme destaca Howard Gardner: "Kant, mais do que seus predecessores, viu a mente como um órgão ativo do entendimento que molda e coordena as sensações e ideias, transformando a multiplicidade caótica da experiência em unidade de pensamento ordenada". (1985, p. 57)

Os princípios kantianos de que o pensamento racional, objetivo e autônomo avança o conhecimento e faz avançar a moral do homem fazem escola no Iluminismo e fundam uma tradição difícil de ser abalada. Na Modernidade, esclarece Michel Foucault (1987), diversos pensadores desfecham golpes na autonomia do sujeito e da razão: Hegel e Marx demonstram que somos determinados pela História; Nietzsche aponta que somos condicionados pela experiência do corpo; Freud desvela o inconsciente. Apesar desses abalos teóricos, ainda permanecem os princípios de que o rigor do método científico garante o conhecimento objetivo do mundo.

Será apenas no século XIX que estudos da Psicologia se encarregarão de demonstrar que cada indivíduo produz uma síntese perceptiva própria. Esses estudos trazem as questões da percepção e da atenção para a análise empírica. William James (1981 [1890]), um dos pragmatistas americanos e pioneiro nos estudos sobre atenção, afirmava que a experiência de um indivíduo não é constituída por tudo o que acontece ao seu redor, mas, apenas por aqueles estímulos que espontaneamente atraem a atenção e/ou aqueles em que o indivíduo escolhe prestar atenção. Por afirmar a individualidade no processo de atenção, esses experimentos desqualificam as ideias kantianas sobre a natureza objetiva do conhecimento da realidade. Com os experimentos da Psicologia, ocorre uma interiorização do processo cognitivo, pois fica claro que "a qualidade das nossas sensações depende menos da natureza do estímulo [que é externo] e mais do funcionamento do nosso aparelho sensorial" (Crary, 2004, p. 68).

Na virada do século XIX para o XX, as pesquisas de Niels Bohr, Albert Einstein, Max Planck e Werner Heisenberg reescrevem as proposições da matemática e da física que haviam fundamentado o pensamento kantiano, abalando ainda mais as garantias de objetividade do conhecimento da filosofia transcendental.

1.3. A virada cognitiva: cognição corporificada e atuada

Os primórdios da Inteligência Artificial (IA) e o Cognitivismo

Como vimos na seção 1.2, pela tradição da filosofia ocidental, a cognição é tarefa prioritária, quando não exclusiva, dos processos mentais (habilidades da razão). Por essa perspectiva, o mundo físico e os objetos técnicos são fatores secundários para a cognição.

Em meados do século XX, o desenvolvimento do computador deu novo fôlego aos estudos sobre as condições de possibilidade do processo cognitivo. Inspirados nas então recentes criações do campo da computação, os pesquisadores da inteligência artificial se dedicaram a reproduzir automaticamente as faculdades da inteligência humana associadas à tomada de decisões e à solução de problemas baseadas em raciocínio lógico-matemático, tais como jogar xadrez, realizar cálculos aritméticos complexos e fazer diagnósticos médicos. Mais uma vez, as habilidades sensório-motoras e os fatores biológicos, culturais e históricos ficaram em segundo plano na equação do conhecimento.

Alan Turing foi um dos pioneiros nas ciências da computação nos anos 1930 e lançou as bases da inteligência artificial na década de 1940. Em 1936, Turing utilizou os recentes estudos de lógica formal para descrever o funcionamento da máquina de Turing – uma máquina universal ideal muito simples, que abstrai as limitações físicas (tempo de execução, limitação de memória, rapidez dos componentes da máquina). Em 1950, o matemático enuncia o Teste de Turing: a máquina é inteligente quando não há diferença discernível entre conversar com ela ou com uma pessoa (Turing, 1990). Analisando o Teste de Turing, Katherine Hayles ressalta que na inauguração da era do computador, a inteligência é definida como capacidade de manipulação formal de símbolos, sem referência às características físicas e atuação no mundo humano (1999, p. 11).

O Teste de Turing aponta as bases do que viria a ser a abordagem clássica da inteligência artificial, também conhecida por "GOFAI" (*Good Old Fashioned Artificial Intelligence*). A GOFAI se apoia na teoria computacional da mente, ou seja, a ideia de que a partir de um conjunto de regras lógico-formais pode-se traduzir funções cognitivas para o formato de representações simbólicas. Essas representações simbólicas são a base pela qual se redige a sequência de instruções elementares – o algoritmo – usada para programar o computador. Essa programação é feita passo a passo: o programador fornece as instruções para a realização da tarefa. Enfatiza-se assim o processamento *top-down* – quando uma representação de alto nível da tarefa ou da sub-tarefa (um objetivo, regras gramáticas ou expectativa) é usada para iniciar, monitorar e/ou guiar as ações seguintes, detalhadamente (Boden, 1996, p. 4).

Na década de 1980, David Marr (apud Clark, 2001, p. 84-5) estabeleceu três passos para a realização de uma tarefa segundo a abordagem *top-down*. O primeiro, e mais importante, era realizar uma análise geral da tarefa a ser executada (localização de uma presa via sonar, identificar objetos tridimensionais a partir de entrada visual bidimensional, somar etc). Isso envolveria estabelecer uma função de entrada-saída específica e listar as sub-tarefas necessárias para resolver o problema. Compreendendo melhor a tarefa, pode-se passar para o nível dois, ou seja, descrever um esquema de representações de entrada e saída e uma sequência de passos para realizar a tarefa (algoritmo). Após compreender melhor a tarefa e os passos para executá-la, chegamos ao nível três, no qual efetivamente construímos um artefato capaz de executar a sequência de passos. (Clark, 2001, p. 84-5)

A abordagem de Marr privilegia as etapas de logística e processamento de informação razão pela qual vários cientistas viram nela uma licença para minimizar a importância do cérebro biológico e das funções materiais no processo cognitivo. A base da cognição parecia estar nas estratégias de processamento (lógica formal) enquanto o suporte físico (cérebro) servia apenas para implementá-las.

Segundo a IA clássica, as funções cognitivas são determinadas primariamente pela lógica formal, por funções sintáticas, independentes das propriedades materiais do sistema, o que permite a identificação entre mente humana e algoritmo computacional, base da teoria.

Ao definir inteligência como função de manipulação de símbolos de acordo com regras da lógica formal, a IA clássica ignora as habilidades relacionadas às atividades sensório-motoras e às interações do indivíduo com o mundo no processo cognitivo.

As estratégias biológicas do conexionismo

A virada cognitiva propriamente dita viria nas décadas de 1970 e 1980. Nessa época, pesquisadores oriundos de vários campos das ciências cognitivas e, em particular, da psicologia cognitiva, biologia evolutiva, neurociências e inteligência artificial observaram que, se por um lado era relativamente fácil simular tarefas que requerem inteligência tradicional (raciocínio lógico-matemático), por outro era extremamente difícil automatizar atividades que o homem faz sem pensar (andar, manusear objetos e reconhecer uma pessoa). A longa tradição do pensamento ocidental nos faz acreditar que as atividades do intelecto superior, em particular as que exigem raciocínio lógico-matemático, são mais difíceis de executar do que as tarefas que dependem do corpo e das funções sensoriais. Os estudos de ciências cognitivas e biologia evolucionista acrescentaram novos matizes ao problema.

Esses estudos afirmam que o sistema sensório-motor dos humanos – responsável pelas atividades que fazemos automaticamente tais quais respirar, andar e manusear objetos – ocupa a maior parte de seus cérebros e é o resultado de dois bilhões de anos de evolução (Moravec, 1988). Daniel Dennett (1996, p. 13) explica que, enquanto caminhamos por um terreno acidentado, nosso corpo realiza – de forma orgânica, não consciente – vários cálculos para ajustar a extensão de nosso passo. Portanto, várias tarefas que executamos "sem pensar" dependem de cálculos complexos que após dois bilhões de anos de evolução tornaram-se automáticos. Hans Paul Moravec estima que o processo denominado "mente" só é possível porque tem como suporte o saber mais antigo e mais potente dos mecanismos sensório-motores. O que denominamos de inteligência humana se desenvolveu sobre a rocha sólida que é o sistema sensório-motor. Portanto, nossas faculdades cognitivas superiores se sustentam nas camadas inferiores: "organismos que não possuem a habilidade de perceber e explorar seus ambientes – como as plantas – não parecem adquirir capacidade de desenvolver inteligência", conclui Paul Moravec (1988, p. 16).

Essas pesquisas – que já contabilizam mais de cinco décadas – demonstram que nossa mente é corporificada e situada. Ou seja, se apoia em processos não conscientes, oriundos da rocha sólida que é nosso aparato sensório-motor e se orienta em função do ambiente ao redor. Assim, os processos que denominamos de razão e/ou mente englobam fatores conscientes e não conscientes, conforme explicam George Lakoff e Mark Johnson:

> A razão não é descorporificada [...] ela resulta da natureza de nossos cérebros, corpos e experiência corporal [...] a própria estrutura da razão advém dos detalhes de nossa corporificação. Os mesmos mecanismos neurais e cognitivos que nos permitem perceber o ambiente e nos mover também criaram nosso sistema conceitual e modos de razão (Lakoff; Johnson, 1999, p. 4).

De acordo com Andy Clark, os pioneiros da IA, ao tentar entender o funcionamento cognitivo, buscaram soluções da engenharia, soluções lógico-matemáticas e estas não correspondem às soluções encontradas, no mundo real, pela biologia. Os corpos biológicos não solucionam problemas a partir de lógica e cálculos matemáticos como na engenharia. Organismos biológicos evoluem: para se adaptar a alterações ambientais, partem de estratégias já existentes. Por exemplo, o pulmão do homem evoluiu a partir da bexiga natatória dos peixes. Esta é uma solução da biologia, um engenheiro desenharia um pulmão na prancheta, talvez mais eficiente, do zero. (Clark, 2001, p. 86)

Essas ideias inauguraram uma nova abordagem dos estudos em inteligência artificial: a modelização por computador de sistemas nervosos animais, ou "conexionismo". Esses trabalhos têm enfatizado as diferenças entre as estratégias da biologia e da engenharia para a resolução de problemas. Destacam ainda a importância da interpenetração entre os sistemas de percepção, pensamento e ação nos processos cognitivos. (Clark, 2001, p. 86)

Margareth Boden explica que sistemas conexionistas:

> Consistem em redes ou unidades interconectadas de modo simples, nas quais conceitos podem ser representados como um padrão geral de excitação distribuída através de toda a rede. Essas redes são sistemas de processamento paralelo, no sentido de que todas as unidades funcionam simultaneamente [excitando ou inibindo seu vizinho imediato] (1996, p. 3).

Por terem sido largamente inspirados no modo de interação entre os neurônios do cérebro, modelos conexionistas são também chamados de redes neurais. A inteligência artificial de modelização neural trabalha com o processamento *bottom-up*: acredita-se que o comportamento de um modelo conexionista depende das interações locais das unidades individuais, nenhuma das quais possuindo uma visão total da tarefa a ser realizada – são as entradas detalhadas do sistema que determinam o passo seguinte. Para os pesquisadores desta abordagem, os primeiros problemas a se resolver são os de percepção e mobilidade (Moravec, 1988, p. 17), envolvendo assim o aparato sensório-motor e suas interações no ambiente.

Robôs situados

Para pesquisar os problemas de percepção e ação, os pesquisadores associaram suas redes neurais a modelos concretos, criando robôs ancorados ou situados, revolucionando também as pesquisas em robótica. Robôs situados trabalham mais com processamento *bottom-up* do que *top-down*. Significa que possuem arquiteturas computacionais distribuídas e descentralizadas que 'reagem diretamente ao meio ambiente'. Essa nova tendência na robótica busca construir robôs mais autônomos e mais próximos dos organismos vivos. Busca-se desenvolver inteligência e ações cognitivas com base em aparatos sensório-motores por meio do qual os robôs trocam informações com o meio. Desse modo, a inteligência do autômato é estabelecida em um suporte corporal e leva em conta o histórico das ações do robô ao se confrontar com situações concretas. Robôs situados são autônomos: seu desempenho articula diretamente percepção do ambiente e ação, minimizando o papel da programação *top-down* e do raciocínio lógico-formal.

Para se realizar, o processo cognitivo é necessariamente dotado de um corpo – aparato sensório-motor – por meio do qual o mundo é utilizado como fonte de informação. Ou seja, a cognição é corporificada. Seres vivos têm suas ações acopladas ao mundo; suas decisões são contextualizadas, ancoradas em situações concretas.

Nessa linha de pensamento, os processos mentais envolvem não apenas as habilidades tradicionalmente classificadas como mentais (lógicas e racionais), mas todas as habilidades humanas, incluindo as sensório-motoras, perceptivas, emocionais, afetivas e socioculturais. O conceito de cognição pode ser compreendido em uma visão muito mais ampliada que a tradicional. Nas palavras de Lakoff & Johnson:

> Nas ciências cognitivas, o termo cognitivo é usado para qualquer tipo de operação ou estrutura mental. [...] Dessa forma, o processo visual classifica-se como cognitivo, tal qual o processo auditivo. [...] Memória e atenção classificam-se como cognitivas. Todos os aspectos do pensamento e da linguagem, conscientes ou inconscientes,

são assim cognitivos. [...] Imagens mentais, emoções e a concepção de operações motoras também são estudadas sob uma perspectiva cognitiva.

[...]

Porque nossos sistemas conceituais e nossa razão surgem de nossos corpos, também usaremos o termo cognitivo para aspectos de nosso sistema sensório-motor que contribuem para nossas habilidades de conceituar e raciocinar (1999, pp. 11 - 12).

Tecnologias cognitivas e a interação dinâmica entre mente/corpo, meio e tecnologia

Segundo essa nova visão, não apenas a cognição é inseparável da ação e da interação com o mundo, quanto ela não é apenas atributo de um agente único. Dito de outra forma: a cognição opera de forma concreta e contextualizada e se beneficia da interação entre humanos e não humanos. Ela emerge da dinâmica das interações concretas com o mundo, incluindo aí as interações com outros indivíduos, o meio e os objetos técnicos.

O filósofo e cientista cognitivo Andy Clark toma por base pesquisas experimentais da psicologia cognitiva e neurocências para explicar que para entender o que é singular na razão e no pensamento humano é preciso compreender que a cognição inclui não apenas o corpo, o cérebro, mas também o mundo material e social, destacando nesse meio sociotécnico o que denomina de tecnologias cognitivas: "os dispositivos e recursos, como canetas, papéis, PCs e instituições, com base nos quais nosso cérebro, aprende, desenvolve-se e opera" (2001, p. 141).

Donald Norman enfatiza que essas tecnologias, denominadas por artefatos cognitivos, podem ser quaisquer ferramentas, físicas ou mentais, inventadas pelo homem para ajudar no processo cognitivo: "portanto, ferramentas tais quais papel, lápis, calculadoras, computadores são artefatos materiais que ajudam a cognição. Leitura, aritmética, lógica e linguagem são artefatos mentais, pois sua força reside nas regras e estruturas que eles propõem" (1993, p. 4). Norman considera ainda que o próprio mundo é um depósito de dados. Por sua mera existência, o mundo nos lembra de coisas, torna-se fonte de informação. Se precisamos trocar uma peça do carro, não precisamos lembrar do nome ou da forma da peça. Ela está lá (1993, p. 147).

O próprio modo de organizar nossas tarefas não depende apenas da representação interna da tarefa, mas também do modo como nos orientamos e organizamos o ambiente a nosso redor. Andy Clark sugere que lembremos de uma pesquisa pitoresca: a do bartender (2001, p. 141).

Clark sugere considerarmos o trabalho do bartender experiente: precisando atender a vários pedidos num ambiente ruidoso e lotado, o bartender experiente mistura e distribui bebidas com precisão e habilidade notáveis. Como ele faz isso? À primeira vista, diríamos que ele possui memória privilegiada e excelente habilidade motora. Porém, experimentos controlados de psicologia feitos com bartenders experientes e inexperientes deixaram claro que a habilidade do bartender experiente envolve fatores internos e ambientais. O bartender experiente seleciona taças de formatos diferentes (de acordo com a bebida requisitada) e as organiza na ordem exata em que os pedidos foram feitos. Assim, os bartenders experientes são muito mais ágeis porque aprenderam a moldar e explorar o ambiente de trabalho de modo a transformar e simplificar a tarefa a ser realizada (Clark, 2001, p. 141). Portanto, os objetos e o mundo exterior funcionam como uma memória externa. Mas esta externalização da tarefa cognitiva não é uma mera extensão ou ampliação da habilidade de memória. Hutchins (2000) explica que é lugar comum acharmos que um artefato cognitivo amplifica nossas habilidades cognitivas: "uma calculadora parece amplificar a habilidade de se fazer aritmética, escrever algo que se quer lembrar parece amplificar a memória" (2000, p. 7). Segundo Hutchins, quando "eu escrevo algo para ler mais tarde, não estou ampliando minha memória. Antes, estou usando um conjunto de habilidades funcionais diferentes para fazer a tarefa da memória" (2000, p. 7). Fernanda Bruno defende a mesma ideia ao afirmar que "ainda que um artefato cognitivo possa melhorar a nossa performance, esta melhora não resulta de uma ampliação das capacidades individuais, mas de uma transformação na natureza cognitiva da tarefa executada" (Bruno, 2003, p. 2). No caso do bartender experiente, podemos dizer que a organização espacial dos copos transforma uma tarefa que seria de memorização da sequência dos pedidos em uma atividade perceptiva (Clark, 2001; Bruno, 2003). Usamos esse recurso cotidianamente, ao organizarmos agendas e ao deixarmos objetos à vista para nos lembrarmos que precisamos fazer algo (Clark, 2001, p. 141).

Ao enfatizar a experiência concreta e o acoplamento com a tecnologia na produção cognitiva, os estudos sobre a mente corporificada produzem um vínculo inseparável entre corpo (biopsíquico) e meio material e cultural (sociotécnico) para a realização/produção dos processos mentais. A mente não se reduz ao cérebro, ela opera como uma espécie de rede que entrelaça corpo/cérebro e outros actantes humanos e não humanos.

Andy Clark toma por base diversas pesquisas de neurociências e, resume assim os fatores que compõem a complexidade da mente humana:

> A ideia central de mente, ou melhor o tipo especial de mente associada com as relações de alto-nível, distintivas da espécie humana, emerge a partir da colisão

produtiva de múltiplos fatores e forças – alguns corporais, alguns neurais, alguns tecnológicos e alguns sociais e culturais (2001, p. 141).

Cognição Distribuída

A interação entre humanos e dispositivos técnicos no processo cognitivo pode ser melhor compreendida pelo conceito de cognição distribuída. Um dos principais desenvolvedores da cognição distribuída, Edwin Hutchins, investigou o tema a partir de seus estudos sobre sistema de navegação em alto-mar. O pesquisador demonstra que os sistemas de orientação de navios devem-se a interações complexas em um ambiente que envolve humanos e não humanos. Hutchins argumenta que cotidianamente participamos de ambientes cuja capacidade cognitiva total excede nosso conhecimento, entre eles "carros com sistemas de ignição eletrônica, micro-ondas com chips que ajustam níveis de potência com precisão, relógios eletrônicos que se comunicam com ondas de rádio para ajustar hora e data" (1996, pp. 361 - 364). A cognição é assim um processo partilhado por indivíduos, grupos sociais e dispositivos tecnológicos.

Em suas pesquisas, Hutchins busca mostrar que a atividade cognitiva distribuída não é uma simples extensão da tarefa para suportes externos, mas um processo de interação dinâmica que inclui indivíduos, grupos sociais e dispositivos técnicos e que caracteriza o modo de operação da cognição humana. Para Hutchins, quando se observa a atividade humana no mundo real três tipos de distribuição do processo cognitivo tornam-se visíveis:

> Os processos cognitivos são distribuídos pelos membros de um grupo social, os processos cognitivos são distribuídos no sentido em que a operação do sistema

cognitivo envolve coordenação entre estruturas internas e externas [materiais e ambientais], e os processos são distribuídos temporalmente de modo que os resultados de eventos iniciais podem transformar a natureza dos eventos posteriores (2000, pp. 1 - 2).

Hutchins investiga a natureza cultural do processo cognitivo, enfatizando a interação dinâmica entre fatores materiais (incluídos, aí, os dispositivos técnicos), sociais e ambientais. Mas, o autor mantém a separação sujeito e objeto, interior e exterior que é colocada em questão na virada cognitiva.

Embora o conexionismo e a cognição distribuída tenham avançado no entendimento de que o processo cognitivo opera de forma ampliada, essas abordagens não problematizam o papel da representação nos processos cognitivos.

Em *Conhecer* (1990), o neurobiólogo Francisco Varela pondera que o conexionismo, ao propor que o sistema cognitivo realiza a tarefa a partir de dados percebidos do mundo real, mantém a anterioridade do objeto. É para resolver o problema da anterioridade da representação que Varela desenvolve a sua abordagem da cognição atuada ou enação, fundamento teórico das nossas pesquisas.

Enação ou Cognição Atuada – *uma outra ontologia e uma outra epistemologia*

Para elaborar a abordagem da Enação ou Cognição Atuada[8], Francisco Varela (1990, 2001) partiu das obras de Maurice Merleau-Ponty, Martin Heidegger, Michel Foucault, Jacques Derrida e Pierre Bourdieu, mas seu argumento foi além. Com formação em Biologia, Varela explica que inteligência e razão

---

8 Adotamos a proposta de Virgínia Kastrup (2007) de traduzir *enaction* (Varela, 1990) por atuação, daí cognição atuada.

se constituem a partir dos sistemas biológicos e da história evolutiva da espécie, associando-os à nossa história cultural. A perspectiva de Varela é transdisciplinar, ou seja, advoga que o real é hipercomplexo, não redutível aos métodos deterministas e reducionistas da ciência clássica. Para entendermos o que significa a transdisciplinaridade, recorremos a Márcio Tavares D'Amaral que, em uma obra memorável (1995), esclarece as diferenças fulcrais entre as formas de pensar e atuar embutidas nas perspectivas disciplinar, interdisciplinar e transdisciplinar. D'Amaral (1995) explica que os objetos do real não se reduzem ao olhar especializado de cada disciplina. O real é complexo e não se deixa aprisionar pelos métodos e perspectivas disciplinares. O filósofo assegura que para dar conta da multiplicidade complexa do real é preciso pôr em comunicação ciências que se distinguem pelo método, mas que têm em comum a investigação da complexidade do mundo. Assim, a visão transdisciplinar é uma abordagem que problematiza e busca superar as dicotomias entre sujeito e objeto, realismo e idealismo, orgânico e maquínico, interior e exterior, corpo e mente, encampadas por abordagens teórico-metodológicas que se sustentam em bases representacionais e sociolinguísticas.

Compreendendo a importância da abordagem transdisciplinar para a apreensão da complexidade do mundo, retornamos a Varela (1990) que argumenta de que modo sua cognição atuada é uma superação (e alternativa) às posições filosóficas dicotômicas do realismo e do idealismo. Ele explica a cognição por meio da metáfora "do ovo e da galinha" (pp. 82 - 83).

O autor sugere que pensemos o funcionamento do sentido da visão: O que surge primeiro? O mundo (exterior) ou a imagem em nossa mente (interior)? Varela (1990) pondera que a resposta do ponto de vista "realista" é pensada pelas designações das tarefas estudadas: "a recuperação da forma a partir da sombra"; ou da profundidade a partir do movimento ou da cor a partir da iluminação. O ponto de vista realista representa a posição da galinha, ou seja, "o mundo exterior é composto por regras fixas; precede a imagem que projeta para o sistema cognitivo cuja tarefa consiste em apreendê-lo – o mundo – de modo adequado" (1990, p. 83).

Tentemos imaginar agora a posição do ovo, ou seja, o ponto de vista "idealista" da razão subjetiva: "o sistema cognitivo cria o seu próprio mundo e toda a sua aparente solidez assenta sobre as leis internas do organismo" (1990, p. 83).

A abordagem da cognição atuada propõe assim uma via intermediária:

> Abrindo caminho para além desses dois extremos e definindo [como qualquer agricultor sabe0 o ovo e a galinha se definem um ao outro e são correlativos [...] É esta ênfase sobre a codeterminação (para além da galinha e do ovo] que distingue o ponto de vista da enação [atuação] de qualquer forma de construtivismo ou de neokantismo biológico (Varela, 1990, p. 83).

A cognição atuada de Varela recusa tanto o realismo que não problematiza a existência de objetos reais quanto o idealismo que entende o real como uma manifestação do *logos* universal.

Para superar esse dualismo, Varela irá demonstrar que a razão emerge do aparato sensório motor e este está intrinsecamente situado no mundo. Desse modo, existe uma codeterminação (comodulação) entre homem e mundo.

Kastrup (2008, pp. 104 - 105) explica que é com o intuito de conciliar a cognição com o concreto que Varela formula a noção de atuação (*enaction*, no texto original):

> [...] esta [a cognição atuada] remete, em primeiro lugar, a uma cognição corporificada, encarnada, distinta da cognição entendida como processo mental. É tributária

da ação, sendo resultante de experiências que não se inscrevem mentalmente, mas no corpo. A atuação é um tipo de ação guiada por processos sensoriais locais, e não pela percepção de objetos ou formas. Os acoplamentos sensório-motores são inseparáveis da cognição vivida, aí incluídos acoplamentos biológicos, psicológicos e culturais.

Com o conceito de cognição atuada, Varela propõe que o processo cognitivo é intrínseco à própria vida, mas isso não implica um determinismo biológico. Conforme explicado acima, segundo as abordagens das ciências cognitivas (corporificada e atuada), inteligência e razão se constituem a partir de nossos sistemas biológicos e da história evolutiva da espécie. Assim, o processo cognitivo é inerente ao corpo, sendo este corpo inseparável de suas conexões biológicas, culturais e psicológicas. Varela, Thompson & Rosch (2001, p. 226) argumentam assim a centralidade do corpo para a cognição:

> [...] ao usar o termo corporalizada pretendemos destacar dois pontos: primeiro, que a cognição depende dos tipos de experiência que surgem do facto de se ter um corpo com várias capacidades sensório-motoras e, segundo, que estas capacidades sensório-motoras individuais se encontram elas próprias mergulhadas num contexto biológico, psicológico e cultural muito mais abrangente.

A fisiologia do corpo depende de estruturas biológicas desenvolvidas ao longo da história evolutiva da espécie. Mas também depende da cultura em que estamos inseridos, e como cada indivíduo é um ser único, depende de seu *self*. Varela, Thompson & Rosch (2001) associam o processo cognitivo a tempos distintos do estágio de nosso ser: estamos associados ao tempo evolutivo da biologia por meio das estruturas e fisiologia do corpo; estamos associados a um tempo histórico pela interação com a cultura; e a um tempo individual e presente, o da vida e do corpo.

Essa ideia de uma transversalidade do corpo pode ser compreendida por meio das concepções sobre o princípio de individualização de Gilbert Simondon (que será aprofundado na seção 2.3). O autor defende que toda individuação, seja física, biológica, psíquica ou coletiva nunca é totalizada e final. Ao contrário, elas têm em comum a referência a uma condição pré-individual que nunca é saturada. Assim, o corpo nunca é dado de antemão ou plenamente individuado. Um corpo está sempre em processo, possui uma estabilidade (metaestabilidade) sempre parcial e em constante troca com o meio cultural, social e histórico (Simondon, 1989; Kastrup, 2007).

Essa transversalidade do corpo explica o primeiro sentido da cognição atuada (atuação ou enação) e abre espaço para a compreensão do seu segundo sentido. Nas palavras de Virginia Kastrup:

> [...] Todas essas ideias preparam o terreno para o segundo sentido da noção de atuação: invenção de mundo. Em resumo, a noção de atuação aponta para uma dimensão coletiva que comparece no corpo, ao mesmo tempo em que indica a participação do corpo na configuração do mundo que é partilhado pelo coletivo (Kastrup, 2008, pp. 104 - 105).

Para Varela, Thompson & Rosch (2001) a invenção de mundos não significa a criação do ambiente externo pelo sujeito do conhecimento, mas, sim, um processo pelo qual emergem o sujeito e o ambiente externo. Ou seja, existe uma codeterminação entre sujeito e mundo: "o mundo e o sujeito perceptor se especificam uns aos outros" (p. 226). Essa ideia de coderteminação entre sujeito e mundo é um dos pontos em que melhor se observa a associação de Varela às teorias do *The nonhuman turn*, uma vez que golpeia diretamente a separação entre sujeito e objeto, humano e não humano, corpo e mente, interior e exterior, pilares da epistemologia moderna.

A noção de invenção de mundo propõe uma nova abordagem para a produção de conhecimento, uma vez que associa o ato de conhecer à própria vida. Conforme resume Messias (2016, p. 10):

> [...] este seria o papel epistemológico e ontológico da cognição. [...] Afinal, esses acoplamentos de organismos heterogêneos (humanos ou não) se formam de maneira quase que imprevisível, e muitas vezes paradoxal, na experiência, na ação [ou durante o processo evolutivo]. É através de sua emergência que surge a cognição – que ela é inventada –, ou seja, que se pode conhecer.

Esse modo de compreender o processo cognitivo implica destronar a representação como forma de produção de conhecimento e compreensão de mundo. A cognição não representa o mundo, antes, ela inventa mundos. A escolha do termo atuação (do inglês: *enact*) visa destacar que a mente e o mundo "atuam" simultaneamente um sobre o outro, se modulando e se inventando. Mente e mundo se codeterminam, se coinventam.

Essa é uma visão de mundo que entrelaça de modo inseparável os campos da vida, matéria, tecnologia, pensamento, cultura e história.

A cognição atuada ou virada cognitiva implica uma virada ontológica e epistemológica, alinhando-se com abordagens teóricas e metodológicas recentes que descentram o humano e a razão do lugar de principal apanágio da cognição.

A cognição atuada implica num redimensionamento ontológico e epistemológico também para o processo de comunicação. Na cognição atuada, o processo de comunicação inicia pelo meio. Os pólos emissor e receptor não estão previamente constituídos. É a partir do processo de comunicação que os "pólos que não estavam em contato, são postos em conexão e aí se constituem como interlocutores, são definidos enquanto tal a partir do processo" (Oliveira, 2003, p. 165). Assim, é a partir do processo de mediação que os interlocutores emergem, atuam e se codeterminam. As implicações das viradas cognitiva e afetiva para o processo de comunicação e os conceitos de meio e mediação serão tratadas no próximo capítulo.

CAPÍTULO 2

A VIRADA AFETIVA

Os microobjetos não são indivíduos, suas formas são inerentemente mutáveis e ambíguas; as "coisas" não são feitas de "coisas".
Luiz Alberto Oliveira

2.1 A virada afetiva: o encontro do virtual filosófico com a auto-organização da matéria

Os estudos sobre afeto e emoção têm longa tradição nas humanidades. Ao longo dos séculos foram tratados por abordagens filosóficas, sendo Aristóteles, Baruch Spinoza, Gilles Deleuze e Félix Guattari alguns de seus maiores expoentes. Mais recentemente, a psicologia cognitiva e as neurociências têm desenvolvido pesquisas experimentais lançando novas perspectivas para os estudos. Hoje, mesmo pesquisadores das humanidades, quando se debruçam sobre o tema, amparam-se em achados de pesquisas experimentais. Desde pelo menos a década de 1990, neurocientistas como António Damásio e Joseph Ledoux têm defendido a inseparabilidade entre cognição e afeto e/ou emoção, enfatizando a primazia e anterioridade do afeto e/ou emoção em relação aos aspectos do pensamento consciente.

No início e meados da década de 1990, uma nova abordagem sobre os afetos e emoções – denominada de virada afetiva – ganhou expressão nos estudos de teoria crítica e crítica cultural. Os teóricos da virada afetiva contra-argumentam as abordagens socio-construtivistas – que buscam explicar tudo a partir do discurso, do simbólico do sociolinguístico –, deixando em segundo plano a materialidade do corpo e do mundo. Em contraposição ao socioconstrutivismo, segundo Patricia T. Clough (2010, p. 207):

> A virada afetiva aponta, em vez disso [socioconstrutivismo], para um dinamismo imanente à matéria corporal e à matéria em geral – a capacidade da matéria em se auto-organizar e em ser informacional – que, quero argumentar, pode ser a contribuição mais provocativa e duradoura da virada afetiva.

A originalidade da contribuição de alguns pensadores[9] da virada afetiva, por exemplo, Brian Massumi, Sarah Ahmed, Eve Sedgwick e Patricia Clough, foi se inspirar nas concepções de corpo, virtual e afeto presente nas obras filosóficas de Henri Bergson, Deleuze & Guattari e Spinoza e, integrá-las aos conceitos de auto-organização da matéria presente nas pesquisas de ciência experimental de Ilya Prigogine & Isabelle Stengers, nos conceitos de cognição atuada de Francisco Varela e nos trabalhos de individuação psíquica, biológica e coletiva de Gilbert Simondon. Essa visada teórico-metodológica

---

9 Segundo Patricia Clough (2010, p. 207), muitos dos críticos e teóricos que se voltaram para o afeto, muitas vezes focaram no circuito do afeto para a emoção, terminando com estados de emoção subjetivamente sentidos – um retorno ao sujeito como sujeito da emoção.

permitiu dar concretude à discussão sobre as interações entre corpo, matéria e pensamento, compreendendo-os enquanto instâncias concretas, situadas e acopladas ao ambiente ao redor.

Dito de outra forma: ao se apoiar na teoria da complexidade, nos preceitos da cognição atuada (corporificada) e nos princípios de individuação/ontogênese, os pensadores da virada afetiva permitem trazer a discussão filosófica sobre o virtual (Bergson) e o devir (Deleuze) para o concreto. Permitem pensar a relação virtual-atual no concreto, no campo da auto-organização da matéria; permitem compreender que a matéria corporal (e a matéria em geral) engloba o ambiente e se auto-organiza, isto é, é capaz de alterar sua própria estrutura.

Desse modo, a virada afetiva reúne a discussão filosófica do virtual com a discussão sociotécnica das interações entre humanos e não humanos, permitindo uma nova formulação das afetações corpo-mente com mídia-tecnologia.

2.2 Do corpo organismo ao corpo auto-organizado

Corpo biológico ou corpo organismo da Modernidade

Para entendermos esse processo, é preciso compreender as diferenças nas concepções de corpo – e, consequentemente, nas relações corpo/mente – no período Iluminista (corpo-organismo) e, hoje, na virada afetiva (corpo auto-organizado) que se fundamenta na teoria da complexidade.

A concepção do corpo biológico ou corpo organismo, tal qual forjada no Iluminismo, traça duas distinções de natureza: a distinção entre vida e matéria e a distinção entre corpo e pensamento.

A primeira distinção – entre vida e matéria, entre seres animados e seres inanimados – remonta à formação das ciências biológicas no início do século XIX. Nessa época, a biologia se recusou a reduzir os seres vivos ao reducionismo e determinismo das leis mecanicistas que regiam a matéria dos corpos da física e da química. A biologia invocou uma doutrina antiga – o vitalismo – ou seja, a ideia de que existia uma energia ou força vital responsável pela vida, divorciando-se da física e da química. A energia vital torna-se a base de existência de todos os organismos vivos. Todos os seres que existiram, existem ou existirão são manifestações de uma fonte única, a vida, essa força que os impulsiona, mas lhes é exterior e não se esgota em nenhum deles. No século XIX, o ser vivo torna-se ser biológico, passa a se constituir por organismo e historicidade próprios (Foucault, 1992, p. 266). O corpo é organizado de modo harmônico dada a funcionalidade de cada um de seus órgãos e sistemas. O corpo organismo (o vivo) troca energia e matéria com o ambiente exterior, e portanto, com seres não vivos, mas sempre em função de sua homoestase. Apesar de reconhecer que o corpo interage com o meio externo, a biologia da época entende que o corpo organismo é de natureza distinta da matéria inanimada. Além de não se confundir com a matéria inanimada, o corpo organismo não modifica sua estrutura a partir do contato com o exterior.

A segunda distinção de natureza encampada pela visão de mundo Iluminista é a separação entre corpo e pensamento, materializada na figura do humano universal. A Revolução Francesa – braço político do Iluminismo – constitui a ideia de homem universal, o homem reconhecível em toda parte, independente de casta ou classe, dono dos mesmos direitos e deveres. O humano universal[10] é constituído como sujeito racional, dono de sua consciência e de seu livre arbítrio. O sujeito racional iluminista constitui-se de corpo bio-

---

10 A ideia de humano universal, assim como todas as bases do Projeto de Modernidade, têm sido bastante debatidas e criticadas por representarem os fundamentos de um projeto de colonialismo, camuflado pelas vestes de universalidade. Para essa discussão, ver Mignolo, 2017; Sodré, 2017.

lógico, compartilhando, portanto, o dom da energia vital com os animais e outros seres vivos. No entanto, deles se distingue por sua capacidade singular de pensar: a razão.

O corpo organismo (biológico) da Modernidade conferia concretude física e conceitual ao sujeito racional e de livre arbítrio, tornando-se o corpo próprio que garantia as fronteiras do sujeito racional. O corpo próprio é o elo do sujeito com a natureza e a cultura. Por suas determinações fisiológicas, o corpo biológico é a ligação do sujeito com a natureza e, por sua configuração civilizada, doutrinada e racional, a imagem de corpo é ponto de ligação do sujeito com a sociedade/cultura.

O corpo é assim um conceito ambíguo, constituído nas distinções de natureza com o mundo inanimado e com o pensamento racional, mas, que ao mesmo tempo, põe em contato natureza e cultura, sem se reduzir a nenhuma exclusivamente.

Corpo auto-organizado e informacional

O corpo organismo é a noção de corpo que se consolidou em fins do século XIX e ainda se mantém como modelo de corpo até os dias atuais em diversas vertentes do pensamento ocidental. Segundo Clough, o "corpo-organismo é definido autopoieticamente como aberto à energia, mas informacionalmente fechado ao ambiente, engendrando assim suas próprias condições de fronteira". (Clough, 2010, p. 207). Distinto do corpo-organismo da modernidade, encontramos o corpo da virada afetiva, o corpo biomediado, o corpo que surge com a teoria dos sistemas complexos, o corpo que se auto-organiza e é informacional (Clough, 2010, p. 207).

O corpo organismo começa a deixar de ser modelo de corpo na biologia no início do século XX, quando duas novas ciências biológicas – a genética e a bioquímica – promovem grandes mudanças culminando com a reunião da biologia com a física e a química, em meados do século. A principal mudança refere-se ao deslocamento do centro de atividade dos seres vivos. Estes não se ordenam mais unicamente a partir da articulação de órgãos e funções. Para a bioquímica, a atividade orgânica dispersa-se por toda a célula, nos milhares de componentes que executam as reações químicas. Para a genética, a atividade se concentra no núcleo da célula, no conteúdo dos cromossomos, onde se decidem as formas, articulam-se as funções e perpetua-se a espécie.

É a apropriação que Norbert Wiener faz do conceito de informação como entidade de organização dos sistemas, vivos ou não, que inspira a biologia na interpretação dos cromossomos. Wiener diz assim:

> Em um sistema organizado, vivo ou não, são as trocas, não somente de matéria e energia, mas de informação, que unem os elementos. [...] qualquer interação entre os membros de uma organização pode então ser considerada como um problema de comunicação. ... Qualquer sistema organizado, uma sociedade, um organismo ou uma máquina, pode ser analisado referindo-se a dois conceitos: o de mensagem e o de regulação por retroalimentação (apud Jacob, 1983, p. 255).

Descrito à luz da cibernética, o ser vivo passa a ser um sistema que processa informações e executa programas. Órgãos, células e moléculas trocam mensagens sob forma de interações bioquímicas, formando uma rede de comunicação. As estruturas cromossômicas contêm todo o devir de um organismo – desenvolvimento e funcionamento – cifrado em um código. A hereditariedade passa a ser transmissão de uma mensagem codificada em um programa que contém o conteúdo genético a ser repetido de geração em geração. Portanto, a ordem de um ser vivo se baseia na estrutura de uma grande molécula, o DNA. Em 1953, o físico inglês Francis Crick e o bioquímico americano James Watson desvelam a estrutura em dupla hélice e o funcionamento da molécula de DNA.

Hoje, a organização dos sistemas vivos obedece a uma série de princípios físicos e biológicos: seleção natural, energia mínima, autorregulação, construção em 'níveis' por integrações sucessivas. Qualquer sistema vivo é o resultado de um certo equilíbrio entre os elementos de uma organização que se ordena a partir da ideia de arquitetura em níveis. Os componentes de um nível inferior interagem e integram-se entre si, ao mesmo tempo em que se integram em um nível superior. Assim, a vida emerge a partir da associação de elementos inorgânicos que passam por uma série de reações enzimáticas, transformando-se em moléculas específicas. Seguem-se várias etapas de interações sucessivas, até a constituição de um ser vivo. A variedade do mundo vivo, a extraordinária diversidade de formas, estruturas e propriedades observadas ao nível macroscópico são criadas a partir da combinação de algumas espécies moleculares, isto é, em uma extrema simplicidade ao nível microscópico. Jacob explica que "a diferença entre uma mosca e um elefante, entre uma águia e uma minhoca não se deve a mudanças nos constituintes químicos, mas à distribuição desses constituintes" (Jacob, 1998, p. 113). Além disso, os processos que se realizam nos seres vivos ao nível microscópico das moléculas em nada se distinguem dos que a física e a química analisam nos sistemas inertes. Nos níveis inferiores, "a fábrica química é inteiramente automática" (Jacob, 1983, p. 283). Quanto à relação entre animado e inanimado, o cientista sentencia: "Há diferença entre o mundo vivo e o mundo inanimado: diferença de complexidade, não de natureza" (Jacob, 1983, p. 283).

Ao descobrir de que maneira a informação se processa a nível molecular, a biologia elimina a possibilidade de vitalismo.

Hoje, não há na biologia outra explicação para os fenômenos da vida que não seja por reações físico-químicas. As noções cibernéticas de informação, código e programa, quando aplicadas a seres vivos, referem-se à constituição bioquímica do corpo orgânico. O novo conceito de vivo põe em contato matéria e pensamento, trazendo novos questionamentos sobre a organização e evolução do mundo vivo. O corpo que processa e troca informações com o meio ambiente também promete remapear os domínios cognitivos do humano, abrindo novas perspectivas para as articulações mente-corpo.

A biologia molecular ao utilizar conceitos da cibernética ajudou a construir as bases teóricas e práticas de uma física não clássica, a física dos sistemas complexos. Para os sistemas complexos a vida é entendida como um sistema auto-organizado, cuja complexidade emerge da interação entre os elementos simples da matéria, que em condições de equilíbrio dinâmico, gera propriedades irredutíveis às partes simples da matéria.

O corpo biomediado, autoafectivo ou auto-organizado é o corpo (e a matéria em geral) capaz de auto-organização, que se acopla ao meio, troca informação com o meio e modifica sua própria estrutura. (Oliveira, 2003, p. 162; Clough, 2010, p. 208).

Para compreender melhor o que é o corpo biomediado/autoafectivo e sua importância para a virada afetiva, é preciso compreender o paradigma que o fundamenta, o paradigma dos sistemas complexos.

2.3 Sobre sistemas complexos, auto-organização da matéria e processos de individuação

Sistemas Complexos e a auto-organização da matéria

Um sistema é um conjunto de elementos que estão em interação entre si formando um todo único. Podemos dividir os sistemas em duas grandes categorias: simples e complexos.

Sistemas simples são aqueles que têm apenas duas ou três variáveis, como o movimento dos corpos na mecânica clássica (distância, tempo e velocidade). Sistemas deste tipo são tratados desde a ciência clássica por procedimentos de análise. A análise, legado do método cartesiano, prevê a separação do todo em frações até que se atinja as partes mais elementares. Isoladas as partes elementares, identificam-se os poucos atributos desses elementos e, a partir desses dados básicos, reconstituem-se as características do sistema como um todo (Oliveira, 2003, pp. 140 - 141). Pelos procedimentos de análise, considera-se que não há interação entre as partes ou que esta é tão fraca que pode ser desprezada para fins de pesquisa. Sem a interação entre as partes elementares, nos sistemas simples, o todo é uma soma das partes e mantém as mesmas propriedades destas. Sistemas simples são deterministas (conhecendo-se a situação do sistema num dado momento pode-se calcular seus estados anteriores e prever os subsequentes) e reducionistas (porque as propriedades do todo são reduzidas às propriedades das partes simples).

Já os sistemas complexos são dinâmicos e não lineares. São sistemas em que o conjunto das variáveis não obedece a uma relação constante de proporcionalidade, o que não significa desordem.

Existem diversos tipos de sistemas complexos. Este texto se interessa pelos sistemas complexos auto-organizados e autoafetivos. Sistemas organizados precisam ser investigados como um todo, porque seu comportamento é produzido pela interação entre as partes constituintes. Seu comportamento não é propriedade dos elementos simples da matéria, ele emerge da interação entre os componentes da matéria. As características ou comportamentos que surgem não são redutíveis às propriedades ou comportamentos das partes elementares.

Diferente dos sistemas simples, em que praticamente não há interação entre os agentes elementares, nos sistemas de complexidade organizada a efervescência de interações entre as partes elementares é o cerne do sistema. Essas partes simples interagem entre si por meio de regras específicas e locais (não programadas por um agente de nível superior) criando um comportamento observável no nível macro ou, com o passar do tempo, gerando um padrão específico ordenado, isto é, produzem o fenômeno da auto-organização.

A individuação na complexidade: o par processo/informação

Para entendermos de que modo os sistemas complexos fundamentam o corpo biomediado/auto-organizado, permitindo o encontro do virtual filosófico com a auto-organização da matéria que caracteriza a virada afetiva, vamos recorrer a um texto excepcional do cientista brasileiro Luiz Alberto Oliveira. O cientista relata que quando aplicamos o fenômeno da auto-organização dos sistemas complexos para explicar o funcionamento dos seres vivos, observamos um "deslocamento ocorrido nas próprias bases da construção de nosso entendimento sobre os seres do mundo" (2003, p. 154). Oliveira alega que essa renovação de fundamentos teóricos representa uma mudança monumental no modo de compreensão da relação do corpo/mente com seu ambiente. Este migrou do par conceitual "substância-indivíduo", que se fundamenta na lógica dos sistemas simples, para o par "processo/informação", que toma por base o paradigma dos sistemas complexos.

Nesse texto realmente lapidar, *Biontes, Bióides e Borgs* (2003), Oliveira parte da discussão sobre a "ontogênese invertida" proposta por Gilbert Simondon para explanar sobre a mudança na concepção científica de seres vivos do que denominou de par substância/indivíduo para o par processo/informação.

Seguindo os passos de Oliveira, retomemos a obra seminal de Simondon (2020) para compreendermos as mudanças de paradigma na ciência que implica uma renovação nas concepções clássicas de corpo, indivíduo e mente. Simondon inicia sua obra explicando que há, na tradição ocidental, duas vias segundo as quais se pode abordar a realidade do ser como indivíduo: a substancialista, que vê os indivíduos constituídos a partir de indivíduos primeiros (os átomos), inengendrados, dados a si mesmos; e a hilemórfica, que considera o indivíduo engendrado pelo encontro de uma matéria (*hylé*) e uma forma (*morphé*). Para o autor, há algo em comum nestas correntes: ambas supõem que existe "um princípio de individuação anterior à própria individuação, suscetível de explicá-la, de produzi-la, de conduzi-la" (Simondon, 2020, p. 13).

Simondon pondera que nessas duas vertentes busca-se entender as condições de existência do indivíduo (individuação) a partir do indivíduo já constituído. Conclui, então, que se toma o indivíduo constituído, finalizado, um dado inicial e não como o termo da individuação. Eis o que Simondon denomina de "ontogênese revertida", ou seja, "para dar conta da gênese do indivíduo, com seus caráteres definitivos, é necessário supor a existência de um termo primeiro, o princípio, que traz em si aquilo que explicará que o indivíduo seja indivíduo e que dará a razão de sua ecceidade" (Simondon, 2020, p. 14).

Oliveira (2003) esclarece que, o problema para Simondon, é que a própria noção de princípio de individuação já carrega um caráter individuado, ou pelo menos individualizável, que acaba por responder, pelo que pretende interrogar – a individuação.

Para Oliveira, na visão atomista, para a qual os indivíduos são o resultado de encontros casuais de átomos (segundo um "desvio originário" ou clinâmen), os átomos, indivisíveis, imutáveis, e eternos, são assim os primeiros (e únicos) indivíduos; a individuação dos demais seres, portanto, se dá sempre a posteriori. Já na visão hilemórfica, é a conjunção de matéria e forma, ambas anteriores ao indivíduo, que lhe dará origem. Conceda-se, aqui, a primazia quer à matéria quer à forma, nesse procedimento se enfoca igualmente apenas o antes da individuação. Em ambas as perspectivas, o que resulta encoberto é a operação de individuação. Em lugar da descrição concreta da ontogênese, da operação de individuação, tem-se o princípio de individuação, tomado como um dado, um "fato".

Prosseguindo em seu argumento, Simondon aponta que há a suposição de uma sucessão lógico-temporal: "primeiro, existe o princípio de individuação; em seguida, esse princípio efetua uma operação de individuação; por fim, o indivíduo constituído aparece" (2020, p.15). E então, Simondon propõe que pensemos sobre a seguinte hipótese: "Se, ao contrário, se supusesse que a individuação não produz apenas o indivíduo, não se procuraria passar rapidamente pela etapa da individuação para chegar a esta realidade última que é o indivíduo." (2020, p.15).

Simondon mostra que é necessário operar uma "reviravolta na busca do princípio de individuação, considerando primordial a operação de individuação, a partir da qual o indivíduo vem a existir e da qual ele reflete em seus caráteres o desenrolar, o regime e, por fim, as modalidades" (2020, p. 16). Pela tese de Simondon, o indivíduo constituído deixa de ser o foco da questão (e seu modelo), e seria apreendido como "uma realidade relativa, uma certa fase do ser que supõe, antes dela, uma realidade pré-individual, e que não existe completamente só, mesmo depois da individuação, pois a individuação não esgota de uma única vez os potenciais da realidade pré-individual e, além disso, o que ela faz aparecer é não só o indivíduo, mas o par indivíduo-meio" (2020, p. 16 – grifos nossos). Por fim, Simondon conclui: "o indivíduo é relativo em dois sentidos: porque ele não é todo o ser e porque resulta de um estado do ser no qual ele não existia nem como indivíduo, nem como princípio de individuação". (2020, p. 16)

Partindo dessa linha argumentativa de Simondon, Oliveira pondera que na visão substancialista ocidental, com sua ênfase no indivíduo constituído, o que resta encoberto é precisamente a questão central: "a da gênese concreta dos indivíduos, ou seja, as operações materiais que sucederam, as forças que estiveram em jogo, para que o indivíduo pudesse surgir a partir do estágio pré-individual" (2003, p. 155).

Oliveira, então, explica a convergência do argumento de Simondon com os princípios da complexidade uma vez que "a teoria dos sistemas complexos vai pois invocar não as relações entre indivíduos já constituídos, finalizados – relações definidas a partir das propriedades desses indivíduos 'prontos' –, e, sim, o que se pode chamar de potencialidades conectivas, fundamento de uma capacidade imanente de engendrar estruturas, de produzir formas" (2003, p. 156).

Oliveira defende que é preciso abandonar os sistemas simples descritos pelo mecanicismo, pois sabe-se que na escala microscópica "não encontramos objetos simples, dotados de formas fixas e básicas, autênticos microindivíduos primários" (2003, p. 156). O autor explica que "uma vez destituída a figura do indivíduo finalizado como entidade primeira do existir em favor dos processos de individuação, precisamos introduzir um outro substrato básico, no lugar da noção de substância, [...] Esse novo conceito basilar será o átomo de informação, que batizaremos de bit" (2003, p. 162).

A ideia de átomo remonta aos gregos e significa literalmente unidade elementar da matéria, a menor unidade de matéria. Mas, a mecânica quântica deu novo significado ao átomo. Oliveira explica que em 1900, Max Planck realizou uma descoberta notável: não é apenas a matéria, mas também a energia possui uma unidade elementar, um átomo, o quantum. Assim, o mundo físico manifesta um segundo conceito de átomo na medida em que "matéria e energia são ambos atomizados, seus elementos são unidades inteiras, quer de corporeidade (partículas materiais), quer de atividade (os quanta de ação)" (p. 163 – grifos no original).

A ideia de que os átomos "saltam" diretamente de um estado de movimento para outro, sem passar pelos valores intermediários é sem precedentes. Oliveira ressalta que "a introdução da noção de quantum implicou uma transformação profunda no estatuto da observação empírica" (2003, p. 163). Isso ocorre porque uma perturbação mínima que se exerça sobre o sistema observado é capaz de fazer incidir sobre o sistema um quantum de ação, alterando o resultado da análise. Dito de outro modo: a mera presença do cientista (observador) do sistema é capaz de alterar o próprio sistema (aquilo que se quer conhecer), produzindo uma indeterminação no processo de conhecimento.

Essa "indeterminação na instância fundamental dos microobjetos" (2003, p. 163), continua Oliveira, "... inerente a todos os eventos em escala microscópica, bem como a consequente previsibilidade limitada de nossa apreensão do micromundo, deve doravante ser encarada como "fatos da natureza", na medida em que constitui característica essencial e incontornável de nosso conhecimento da natureza, consubstanciado no Princípio da Incerteza de Heisenberg". (2003, p. 163 – grifos no original).

A consequência desses novos "fatos da natureza" para nossa presente pesquisa é que: "os microobjetos não são indivíduos, suas formas são inerentemente mutáveis e ambíguas; as "coisas" não são feitas de "coisas" (2003, p. 163). As descobertas da física do século XX desqualificam a noção tradicional de indivíduo e o par substância-indivíduo. Trazendo essas descobertas para o campo das ciências humanas e sociais, significa desqualificar os alicerces que sustentavam o corpo-organismo, suporte biológico do sujeito universal moderno.

Mas, segundo Oliveira, a reformulação do conceito de átomo pela mecânica quântica ainda não é o conceito final de átomo produzido pelo século XX. Oliveira explica que os desenvolvimentos da matemática não linear conduziram a visões inovadoras nos estudos sobre as variações de organização de um sistema, que culminaram nos sistemas de auto-organização.

Complexidade auto-organizada

Para entendermos melhor o que é e como funciona o fenômeno da auto-organização, tomemos um exemplo mais palatável às humanidades: a emergência de padrões em ambientes urbanos. Aqui é importante lembrar que os sistemas complexos conectam todos os campos do saber (ciências sociais, humanas, exatas e biomédicas). Este exemplo foi retirado de Johnson (2003). Em 1842, Friedrich Engels chegou à cidade de Manchester para supervisionar a fábrica de algodão pertencente a sua família. Engels, que já era amigo de Marx, usou os três anos que passou em Manchester, patrocinado por sua família burguesa, realizando as pesquisas que deram origem a um dos tratados sobre urbanismo no século XIX, *A situação da classe trabalhadora na Inglaterra*. Manchester é reconhecidamente uma cidade que foi construída sem nenhum tipo de planejamento. Mas, no meio do crescimento desordenado, Engels identificou um estranho padrão:

> A própria cidade é construída de uma maneira peculiar, de modo que uma pessoa pode morar nela durante anos, entrar e sair dela diariamente, sem ter contato com um bairro popular e nem mesmo com operários – quer dizer, contanto que a pessoa se limite aos seus próprios negócios ou a passear por puro prazer. Isto decorre principalmente das circunstâncias de que, através de um acordo tácito e inconsciente, assim como de uma intenção explícita e consciente, mantêm os bairros populares

totalmente separados das partes da cidade reservadas à classe média...
Sei muito bem que essa maneira enganosa de construir é mais ou menos comum a todas as grandes cidades. Sei também que, em virtude de seu tipo de negócio, os comerciantes precisam alojar-se nas vias principais, de muito movimento. Sei que nessas ruas, há mais casas boas do que casas humildes, e que o valor do terreno é mais alto nas redondezas do que nos locais mais afastados. Mas, ao mesmo tempo, em nenhum outro lugar, a não ser em Manchester, vi um isolamento tão sistemático das classes operárias. Nunca vi em outro lugar ocultar-se com tão fina sensibilidade tudo que pudesse ofender os olhos e os nervos da classe média. E, no entanto, mais do que acontece com qualquer outra cidade, Manchester, foi construída com menos planejamento e menos restrições por parte de regulamentos oficiais do que qualquer outra cidade – na verdade, cresceu ao acaso. Ainda assim... não consigo deixar de sentir que os industrialistas liberais, os 'bigwigs' de Manchester, não são inocentes desse estilo acanhado de construção (Engels apud Johnson, 2003, pp. 26 - 27).

De acordo com Johnson, o que Engels distinguiu no cenário urbano foram padrões visíveis porque têm uma estrutura repetitiva que os distingue do mero ruído de fundo: "são sinais emergindo de um lugar do qual só esperaríamos ruídos" (Johnson, 2003, p. 29).

Pela teoria dos sistemas complexos, essas estruturas emergentes não são criadas por leis governamentais ou projetos urbanos, mas por milhões de indivíduos e algumas regras simples de interação social. Tradicionalmente, os indivíduos se aproximam de seus pares e mantêm distância tácita com os diferentes, os 'outros'. Essas regras simples de 'convívio social' 'empurram' as classes desfavorecidas para os lugares mais escondidos da cidade. Como podemos deduzir, nem todo sistema emergente é desejável. Nos padrões emergentes observáveis no plano macro das cidades visualiza-se processos de segregação social.

A auto-organização envolve a emergência (e manutenção) da ordem em um nível, ou complexidade, a partir de uma origem ordenada em um nível inferior. Não significa apenas mudanças superficiais, mas implica uma alteração fundamental da própria estrutura do sistema. Essa alteração é 'espontânea' ou 'autônoma', obedecendo a características intrínsecas ao próprio sistema, que frequentemente está interagindo com o meio ambiente, em vez de ser imposto ao sistema por um programador externo (Boden, 1996, p. 3). O modelo da auto-organização propõe um mundo sem líderes, em que o comportamento observável em plano macro emerge a partir de interações entre os elementos simples nos níveis inferiores. O clima, a vida, alguns tipos de interação social, as colônias de formigas e o mercado financeiro são sistemas desse tipo. Algumas áreas da cultura digital, por exemplo, redes de auto-organização, mídias táticas, sistemas de compartilhamento de informações e *softwares* emergentes funcionam segundo princípios de auto-organização.

Mas ser auto-organizável ainda não é tudo. Para o sistema ser do tipo inventivo, criar um padrão de nível superior, ele precisa ser adaptável ou autoafetivo. Ou seja, precisa reagir às necessidades específicas e mutantes de seu meio ambiente, reestruturando-se, reinovando-se, reinventando-se – em suma: modificando sua própria estrutura.

O elemento que os sistemas emergentes adaptáveis utilizam para ajustar suas estruturas às necessidades do meio é o átomo-informação. Ele está presente em todo lugar. As formigas o utilizam para definir se precisam buscar alimentos ou trabalhar na limpeza da colônia. As células do corpo humano o utilizam para decidir se serão células da pele ou neurônios. Os algoritmos computacionais, para decidir para quem enviar qual mensagem.

Os termos informação, interação, troca, vizinhança, *feedback* indicam uma outra característica muito curiosa dos sistemas complexos: eles exibem um comportamento comunicacional.

O ponto de interseção entre a efervescência da cidade de Manchester, o comportamento das formigas, a algoritmização e alguns tipos de *softwares* (Simcity), é que todos são sistemas de auto-organização. Todos partem de agentes simples que interagem entre si segundo regras locais (*bottom-up*), ouvindo o *feedback* das células vizinhas e, produzindo padrões reconhecíveis (adaptáveis ou não) a nível macro.

Seja por meio de sinais semioquímicos, como os feromônios usados nas interações entre formigas; ou todo tipo de códigos linguísticos complexos (gestuais, verbais, arquitetônicos, vestuário, etc) usados em nossas comunicações diárias; ou ainda, todo tipo de fluxos de informações ou de intensidades não conscientes e não linguísticas, é o processo de sinalização, produzido por unidades elementares (átomos) de informação que permite as aproximações ou afastamentos entre as partes elementares de um sistema, gerando padrões de comportamento observáveis no nível macro.

A base dos sistemas complexos é o reconhecimento de padrões. Reconhecer padrões é criar uma sinalização, é gerar uma diferença. Um sinal é um padrão que se destaca do ruído; é uma figura que se destaca de um fundo. A informação é um padrão que se destaca de um fundo. As reações que o sinal causa no meio irão provocar os *feedbacks*, que, por sua vez, reorientarão os passos futuros do sistema como um todo.

Oliveira esclarece que a noção de informação é interessante porque ela não depende de um suporte em particular, antes ela transita entre suportes "quer se trate da geometria de um cristal, ou da sequência de bases numa molécula de DNA ou dos circuitos de um microchip, temos sempre fluxos de informação operando uns sobre os outros, sintetizando-se, fragmentando-se, recombinando-se sem cessar" (2003, p. 164).

Assim, Oliveira conclui denominando essa terceira figura de átomo como "átomo de informação" – uma unidade elementar de diferença ou distinção. O pesquisador afirma que "estudar as propriedades de um sistema não é outra coisa que analisar seus modos de organização; logo, fluxos materiais são equivalentes a fluxos de informação" (2003, p. 164). Oliveira aponta, então, que o campo da complexidade pode ser condensado em uma imagem unificadora: o real processual é como uma infoesfera que compreende e conecta as esferas da matéria, da vida e do pensamento.

Segundo Oliveira, somente "as noções de processo e informação têm caráter verdadeiramente genético, permitindo-nos apreender esse encaixamento sucessivo de patamares de organização que caracteriza os sistemas complexos, sem que novas substâncias "vitais" ou "espirituais" precisem ser introduzidas para dar conta da emergência da vida e do pensamento (2003, p. 166).

O corpo biomediado ou auto-organizado ou autoafetivo é o corpo, que sob a fundamentação teórica dos sistemas complexos, possui a capacidade de se conectar com o meio, trocando matéria, energia e informação, permitindo-se autoafetar e mudar sua própria estrutura.

É essa capacidade de conectividades e fluxo de diferenças do corpo auto-organizado que os teóricos da virada afetiva vão invocar para compreender de que modo o afeto e outros fatores corporais não conscientes afetam os processos conscientes. O afeto só pode ser compreendido por meio da teoria dos sistemas complexos.

É importante destacar para que não restem dúvidas: o átomo informação não pertence a qualquer tipo de campo simbólico, representacional ou sociolinguístico. Trata-se de intensidade, fluxo de informações em níveis não conscientes, intensidades orgânicas e não orgânicas, colocando em contato vida, matéria e pensamento, isto é, corpo/mente, tecnologia e mundo.

Vamos ver agora o que é o afeto nesse novo conceito de corpo.

2.4 Corpo, afeto e emoção

Para iniciar o debate, é preciso diferenciar afeto de emoção. Diferente das emoções que seriam individuais e passíveis de ter seu significado externado, o afeto é relacional, isto é, moldado nas relações com outras pessoas e objetos materiais. Segundo Jonathan Flatley "a emoção sugere algo que acontece por dentro e tende à expressão externa, o afeto indica algo relacional e transformador. Alguém tem emoções; alguém é afetado por pessoas ou coisas" (Flatley, 2008, p. 12 – grifos meus).

Brian Massumi também diferencia os afetos das emoções. Em seu texto que já se tornou um clássico da virada afetiva *The Autonomy of Affect* (1995), Brian Massumi reúne dados de pesquisas experimentais das neurociências com a filosofia do virtual para defender sua tese da autonomia e anterioridade das intensidades afetivas sobre os fatores conscientes.

Para o teórico canadense, afetos se caracterizam como respostas corporais, respostas autônomas; são intensidades que transbordam os estados conscientes de percepção e apontam para uma "percepção visceral" anterior à percepção consciente (Massumi, 1995). Mas, essa percepção visceral não se confunde com efeitos corporais, conforme explica Clough:

> Mas se essa referência às respostas autonômicas parece tornar o afeto o equivalente à medida empírica dos

efeitos corporais, registrados em atividades como a dilatação das pupilas, a constrição do peristaltismo intestinal, a secreção glandular e as respostas galvânicas da pele, Massumi usa tais medidas para uma fuga filosófica para pensar o afeto em termos do virtual como reino do potencial, inviável como tendências ou atos incipientes, indeterminados e emergentes (Clough, 2010, p. 209).

Então, para Massumi, a virada afetiva é oportunidade de abertura do corpo para sua indeterminação – a indeterminação das respostas autonômicas. O autor define o afeto em termos de sua autonomia em relação à percepção consciente, à linguagem, à emoção e qualquer tentativa de captura simbólica de seu significado. Ele propõe que, se a percepção consciente deve ser entendida como a narração do afeto – o caso da emoção, por exemplo – há sempre, no entanto, "um resto autônomo que nunca será consciente"; "um resto virtual:' um excesso de afeto (1995, p. 25). Além disso, é esse excesso do qual a narração da emoção é "subtraída", suavizando-a retrospectivamente "para atender aos requisitos conscientes de continuidade e causalidade linear. A consciência é "subtrativa" porque reduz uma complexidade. Afeto e consciência participam de um circuito virtual-atual, no qual o afeto é virtual e emergente (auto-organizado). Massumi retoma o par virtual/atual de Bergson para caracterizar o afeto como virtual, com a duração de uma fração de segundo (exatamente por durar) que se faz presente, se atualiza em algo novo, transformando o atual. O afeto opera assim na ambiguidade entre virtual/atual (Massumi, 1995, p. 96). Patricia Clough destaca que Massumi, e, também, Francisco Varela, trata essa fração de segundo, essa ambiguidade entre virtual/atual, como um fenômeno de auto-organização (2010, p. 213). Clough se apoia em Mark Hansen para explicar as análises de Massumi por meio das pesquisas neurofenomenológicas de Varela. Para Hansen, a análise de Varela abre-se "ao domínio microfísico de maneira inédita" (apud Clough, 2010, p. 250) e, portanto, mostra a função da afetividade" na gênese da consciência do tempo: "como afetividade" o esforço do ser humano para manter seu modo de identidade com o corpo base da vida (humana). Em suma, a afetividade compreende a motivação do organismo (humano) para manter sua autopoiese no tempo" (Clough, 2010, p. 213).

O afeto é sinestésico e atua para além do corpo, englobando o ambiente. Já a emoção fica confinada no corpo e é passível de ser expressa, representada e/ou capturada por confirgurações sociolinguísticas.

O interesse da virada afetiva para o campo da Comunicação é que, por ser relacional, o afeto carrega o potencial de produzir humores (*mood*, em língua inglesa e *Stimmung*, em língua alemã)[11], isto é, uma espécie de atmosfera afetiva sob a qual as intenções são formadas, projetos desenhados e afetos particulares podem se anexar a objetos particulares. Se uma pessoa está ansiosa, por exemplo, coisas no mundo são mais prováveis de lhe parecerem amendrontadoras; se ela está curiosa, novos objetos podem lhe parecer interessantes (Flatley, 2008).

Para termos a dimensão da importância do afeto para compreensão do panorama de proliferação de medo, ódio e *fake news* por meio dos sites de mídias sociais, é útil a ponderação de Flatley de que "o humor fornece uma maneira de articular o efeito modelador e estruturador do contexto histórico em nossos apegos afetivos" (Flatley, 2008, p. 19). Assim, os retuites, os compartilhamentos nos sites de mídias sociais

---

11 Os conceitos *mood* e *Stimmung* têm sido introduzidos nos campos de Teoria Literária e Teoria da Cultura para embasar discussões sobre estética. Ver Felinto (2012).

duplicam, amplificam *trolls*, fazendo com que isso ocupe o espaço e se torne o *mood/Stimmung* em uma sociedade.

Nas últimas duas décadas, teóricos da cultura, da literatura e da mídia têm se dedicado a estudar o afeto como componente da cognição no processo de interação com as mídias. Esses autores entendem a ação do afeto como "forças corporais pré-individuais que aumentam ou diminuem a capacidade de ação de um corpo e que engajam criticamente aquelas tecnologias que estão tornando possível apreender e manipular o dinamismo imperceptível do afeto" (Clough, 2010, p. 207). Brian Massumi, para ficar com um exemplo, baseia-se em filósofos (Gilles Deleuze e Félix Guattari, William James, Henri Bergson) e na neurocientista Hertha Sturm para elaborar sua teoria da autonomia do afeto e defender a primazia do afeto na interação com imagens de vídeo (Massumi, 1995). O interesse de Massumi na pesquisa desenvolvida por Sturm é mostrar que, não apenas o corpo é afetado pelas imagens, mas que também o significado de um conteúdo consciente é afetado por estados corporais e não conscientes. Ambos os níveis, qualidade da imagem (o conteúdo da imagem; seu contexto intersubjetivo; sentido sociolinguístico dado pela cultura) e intensidade (força ou duração do efeito da imagem no corpo), são imediatamente corporificados. Dito de outro modo, o que a teoria da autonomia do afeto nos ensina é que a interpretação (consciente) que fazemos da imagem não coincide com os modos (não conscientes) por meio dos quais a mesma imagem afeta nosso corpo. Essa ambiguidade entre a interpretacão consciente e os modos como uma mensagem afeta nosso corpo (e, portanto, a consciência) podem ajudar a explicar, por exemplo, as ambiguidades e até uma falta de racionalidade lógica em situações de compartilhamento de desinformação, discursos de ódio e *fake news* na atualidade.

2.5 Mídias, meios e mediações: começando pelo meio com Simondon e Grusin

Buscando compreender as relações entre afeto e mídias na sociedade contemporânea, sobretudo após o dia 11 de setembro de 2001, o teórico das mídias Richard Grusin (2010) parte das pesquisas de Andy Clark e Daniel Stern para propor sua concepção de uma mediação distribuída (em 2015a, tornou-se mediação radical) a partir das concepções de mente distribuída e afeto distribuído.

Grusin inicia com o argumento de Andy Clark em *Natural Born Cyborgs* (2003). Nesse texto, Clark explica que a interação mente/corpo, tecnologias e meio ambiente não é uma divisão linear de tarefas, mas um processo de conectividades, tornado possível pela incrível plasticidade de nosso cérebro/corpo que se modula no contato com a tecnologia e o ambiente. Tomando por base pesquisas experimentais do campo da psicologia cognitiva e neurociências, Clark (2003) explica que os dedos polegares de jovens com menos de 25 anos demonstraram ser mais musculosos e hábeis do que outros dedos, simplesmente como resultado do uso extensivo de controladores eletrônicos de jogos portáteis e mensagens de texto em telefones celulares. Clark argumenta que a partir dessas adaptações dos polegares, novas gerações de telefones serão projetadas em torno dessa maior agilidade, levando a mais mudanças na destreza manual e similares.

Clark estabelece essa integração entre cérebro/corpo e meio sociotécnico com o conceito de *feedback loops*:

> [...] em todos os casos que examinamos, o que importa são os complexos laços de *feedback* que conectam comandos de ação, movimentos corporais, efeitos ambientais e dados perceptivos multissensoriais. É o fluxo bidirecional de influência entre cérebro, corpo e mundo que importa,

e com base no qual construímos (e constantemente reconstruímos) nosso senso de *self*, potencial e presença (Clark, 2003, p. 114).

De acordo com Clark, é por meio dos fluxos de influência (comandos de ação, movimentos corporais, dados perceptivos multissensoriais) entre cérebro, corpo e mundo que a mente/corpo se sintoniza/modula com o ambiente (meio material e social).

Grusin parte dos estudos sobre *feedback loops* desenvolvidos por Clark para trabalhar seu conceito de mediação distribuída. O teórico estadunidense observa que os *feedback loops* descritos por Clark (2003) operam do mesmo modo daquilo que o neuropsicólogo Daniel Stern (1998) chamou de sintonia afetiva (*affective attunement*). Segundo Grusin, a partir de suas pesquisas inovadoras sobre psicologia infantil na década de 1980, Stern demonstrou que no mundo interpessoal da criança, o senso de *self* surge por meio de sensações ou experiências afetivas *cross*-modais, tanto com outras pessoas quanto com outras coisas. Stern sustenta que o senso de distinção da criança entre o eu e o outro, bem como a unidade da percepção e a conexão entre percepções e um mundo de pessoas e coisas, é criado e fundamentado em um nível muito precoce de desenvolvimento psicológico e experiência afetiva do bebê (Stern apud Grusin, 2010, p. 95).

Grusin se apoia nessa descrição de sintonia afetiva estudada por Stern para avaliar o impacto que esse modo de operação dos afetos pode ter nos ambientes de mídia. O teórico das mídias pondera:

> Para perguntas sobre nossas relações afetivas com a mídia, o que é particularmente intrigante no relato de Stern é que ele considera que "o padrão ou o mapeamento

afetivo *cross-modal* é básico para nossas interações com o mundo desde a infância". Sob esse prisma, pode-se começar a entender como mídias audiovisuais, tais quais filmes, televisão, telefones celulares, computadores e videogames, e a *web* trabalham para imitar, reforçar ou reproduzir a virtualidade de nossa experiência corpórea. "Do ponto de vista da sintonização afetiva, o filme sonoro ou a TV se tornam formas cruciais de modulação do afeto, devido à maneira como acolhem padrões ou sensações visuais e auditivas, e, também, devido à maneira como apresentam imagens audiovisuais dos estados afetivos de outras pessoas. De um modo ainda mais complexo, os videogames (e a mídia interativa em geral) parecem funcionar como modos de modulação afetiva e cognitiva transmodal ou multimodal, adicionando toque à visão e ao som"; portanto, quando você move seu avatar num jogo, por exemplo, ou usa o mouse para mover o cursor na tela do seu PC ou manipular a tela sensível ao toque no seu iPhone, você está adicionando padrões *cross*-modais de toque aos acoplamentos de visão e som. Ou seja, "o movimento tátil da mão no controlador, juntamente com outros movimentos corporais/musculares envolvidos, produz uma mudança no outro medial, tanto no avatar ou no cursor do usuário quanto nos demais atores humanos e não humanos na tela". Dessa maneira, nossa interatividade com a mídia fornece um tipo de intensificação ou reduplicação das relações interpessoais afetivas (Grusin, 2010, p. 95-96 – grifos meus).

Os estudos da cognição atuada e da virada afetiva demonstram que o corpo/mente atua em sintonização/modelação constante com o ambiente material e social, por meio de intensidades e fluxos (átomos de informação) trocados.

Uma vez que os dispositivos tecnológicos, no caso as mídias, permeiam essas trocas, o sistema de mídias pode intensificar a proliferação dos afetos e *moods*.

Grusin pondera que a mídia contemporânea opera numa lógica de mediação distribuída, ou seja, ela produz conjuntos (*assemblages*) dinâmicos e heterogêneos, compostos de vários elementos técnicos, sociais, estéticos, econômicos e políticos que se fundem e se reagrupam em formações mutáveis, mas relativamente estáveis, distribuídas por toda a sociedade. Com o conceito de mediação distribuída, Grusin chama a atenção para uma distribuição de afeto entre atores humanos e não humanos: "[...] abordarei os ciclos de *feedback* afetivo que estruturam nossa 'mídia no cotidiano', os modos pelos quais interagimos com múltiplas mídias em quase todos os aspectos de nossa vida cotidiana" (Grusin, 2010, p. 90).

Para Grusin, pensar mediação em termos de afeto:

> [...] é pensar em nossas práticas de mídia não apenas em termos de suas estruturas de significação ou representação simbólica, mas mais crucialmente em termos das maneiras pelas quais a mídia funciona, por um lado, para disciplinar, controlar, conter, gerenciar, ou governam a afetividade humana e suas coisas afiliadas 'de cima', ao mesmo tempo em que trabalham para permitir formas particulares de ação humana, expressões coletivas particulares ou formações de afetação humana 'de baixo' (Grusin, 2010, p. 79).

Essas "expressões coletivas particulares ou formações de afetação humana 'de baixo'" se referem às interações *bottom-up* dos sistemas complexos. A concepção de Grusin sobre mediação distribuída a partir de mente e afetos distribuídos intensificando hábitos e comportamentos coletivos, ou seja, que "nossa interatividade com a mídia fornece um tipo de intensificação ou reduplicação das relações interpessoais afetivas" (2010, p. 96), converge com o estudo de Sara Ahmed sobre a economia dos afetos. Ahmed defende que as emoções/afetos não são disposições psicológicas, nem residem em um sujeito ou objeto, elas circulam entre sujeitos e objetos, mediando relações entre o psíquico e o social, o individual e o coletivo, ampliando as intensidades desses afetos nos contextos socioculturais (2004, p. 119).

Essa concepção de mediação enseja que repensemos o conceito de meio. O conceito de meio e de mediação são tópicos recorrentes dos estudos de Teoria da Comunicação.

A maior parte das teorias dão conta de que existem suportes físicos, meios materiais tais quais o impresso, o audiovisual, o digital que operam como suporte para o conteúdo (ideias, conteúdos e representações) a serem veiculadas. Essa abordagem chamada de representacionista parte de "a crença na distinção ontológica entre representações e aquilo que elas pretendem representar" (Barad apud Grusin, 2015a, p. 46)

A abordagem representacionista é binária, separa humanos e não humanos, Grusin explica que:

> Nessas abordagens representacionais tradicionais, a mediação é entendida como estando entre, ou no meio de, sujeitos ou objetos, actantes ou entidades, já pré-formados e preexistentes. O papel da mediação em tais abordagens é precisamente conectar, ou negociar entre, actantes, categorias e eventos (ou sujeitos e objetos), que de outra forma não teriam como se entender ou interagir uns com os outros. Especialmente no pensamento pós-hegeliano, marxista, a mediação tem sido oposta à imediação, funcionando como o que se poderia chamar de agente de correlação, que filtra, limita, constrange ou distorce uma percepção ou conhecimento imediato do mundo ou do real. Nessas abordagens, a mediação tem

sido entendida tanto como uma forma de possibilitar o nosso conhecimento da realidade quanto como uma forma de dificultar ou impossibilitar a relação direta e imediata com o mundo que Brian Massumi (e outros) insiste ser componente fundamental da experiência humana e não humana. Em muitas abordagens filosóficas tradicionais, não podemos experimentar o mundo direta ou imediatamente porque não podemos conhecer o mundo sem alguma forma de mediação (2015a, p. 128).

Vimos no item 2.3 que a teoria dos sistemas complexos (e, também, o princípio de individuação de Simondon), sombreia as fronteiras entre vida, matéria e pensamento. Por meio dos fluxos e conectividades do átomo informação, a ação da tecnologia ecoa e abarca o humano. Oliveira pondera que "resta abolida a suposta separação clara entre o interno e o externo, entre sujeito e objeto e entre ente e artefato" (2003, p. 167). Não podemos mais pensar a tecnologia separadamente de nossa própria experiência.

O teórico das mídias Richard Grusin propõe a ideia de uma mediação radical. Inspirado na ideia de empirismo radical de William James e na proposta de Brian Massumi, Grusin propõe que a mediação começa pelo meio.

> A mediação deveria ser entendida não como algo que se interpõe entre sujeitos, objetos, actantes ou entidades pré-formados, mas como o processo, ação ou evento que gera ou fornece as condições para a emergência de sujeitos e objetos, para a individuação de entidades no mundo. A mediação não se opõe à imediação, mas é ela mesma imediata (Grusin, 2015a, p. 129).

A proposta de Grusin ressoa no pensamento de Gilbert Simondon em sua teoria do processo de individuação. Em

Du mode d'existence des objets techniques (On the Mode of Existence of Technical Objects 1980 [1958]), Gilbert Simondon discute a gênese dos objetos técnicos e seu papel na formação da cultura. Em contraposição à abordagem substancialista, Simondon propõe que os indivíduos, sejam eles naturais ou técnicos, nunca se apresentam em uma configuração definitiva, estão sempre em processo. E essa característica se deve ao papel constituinte do meio na formação do indivíduo. Conforme supracitado (seção 2.3), Simondon defende que existe um estágio pré-individual, anterior à individuação propriamente dita e, que permanece como uma pletora de virtuais suscetíveis à atualização. Mesmo após a individualização, esse repertório virtual não se esgota, porque a individuação faz aparecer não somente o indivíduo, mas sim o par indivíduo/meio. Assim, o meio nunca é apenas um veículo neutro, é um meio associado que constitui e é constituído pelo indivíduo. O meio associado é o mediador da relação entre elementos técnicos manufaturados e elementos naturais dentro da qual o ser técnico opera (Simondon, 1980, pp. 49 - 50).

O meio associado é uma ambiência; é condição de conectividade, troca e fluxo de informações, é espaço de comunicação e de sociabilidade; é um espaço indissociável da realidade.

Também pela teoria dos sistemas complexos, podemos chegar à mesma conclusão uma vez que por meio das conectividades, o átomo informação permite uma nova relação entre o todo e suas partes, na medida em que o todo (por exemplo, a cidade de Manchester), por meio de sinalizações, orienta seus moradores (partes) na escolha de onde habitar.

Consolidamos abaixo o que aprendemos com as viradas cognitivas e afetivas que interessa aos estudos de teoria da comunicação e da mídia.

Virada Cognitiva

- A mente é corporificada e totalmente acoplada ao ambiente. Ela engloba o cérebro, o corpo (intensidades, sensorialidades e percepções) e o ambiente material e social (pessoas e objetos).
- O processo cognitivo é situado e depende do contexto, da experiência e está em contínuo processo de sintonização/atualização com o ambiente. Isso significa que o processo cognitivo engloba fatores sensório-motores, não conscientes e que, portanto, fatores como conteúdo da mensagem, seu contexto intersubjetivo, o sentido sociolinguístico dado pela cultura não são suficientes para explicar os modos como aprendemos, comunicamos, socializamos.

Virada Afetiva

- O afeto é corpóreo e relacional, opera por meio de sintonias/modulações afetivas com o ambiente material e social.
- O afeto engloba o ambiente; intensidades corporais se acoplam ao meio material e social e coevoluem com ele (nele).
- O afeto atua na construção de sentido individual e coletivo. Ou seja, não é possível explicar tudo pela linguagem, contexto subjetivo ou intersubjetivo, e/ou sentido sociolinguístico dado pela cultura.

Viradas Cognitiva e Afetiva

- Desconstroem a ideia de humano como sujeito racional, consciente e dono de seu livre arbítrio.
- Abolem as fronteiras sujeito X objeto / natureza X cultura / razão X afeto / corpo X mente.
- Demandam métodos de investigação, saberes e subjetividades que se apoiam em sistemas complexos e em perspectivas transdisciplinares.

CAPÍTULO 3

TECNOLOGIAS DE COMUNICAÇÃO E AS MODULAÇÕES SENSORIAL, PERCEPTIVA E COGNITIVA NA MODERNIDADE E NA CONTEMPORANEIDADE

Embora a mídia e as tecnologias da mídia tenham operado e continuem a operar epistemologicamente como modos de produção de conhecimento, elas também funcionam de modo técnico, corporal e material para gerar e modular humores afetivos, individuais e coletivos, ou estruturas de sentimento entre arranjos de humanos e não humanos.

Richard Grusin

No capítulo anterior, vimos que as teorias do afeto (Massumi, Grusin, Ahmed) e as teorias da cognição (particularmente a cognição atuada e corporificada) ensejam uma nova epistemologia e uma nova ontologia que pensam os processos cognitivos em outras bases. Essas teorias e metodologias propõem uma codeterminação entre sujeito e objeto e a modulação do corpo/mente com objetos técnicos. Essas afetações do corpo pela técnica têm tradição no pensamento comunicacional e sociológico. Neste capítulo, vamos debater alguns autores e teorias que têm examinado as afetações corpo/mente em seus acoplamentos com as tecnologias de comunicação.

3.1 O cinema e a modulação perceptiva, sensorial e cognitiva da Modernidade

Em seu texto já clássico, "A metrópole e a vida mental", Georg Simmel destaca o modo como os estímulos físicos e perceptivos das cidades modernas influenciaram a experiência subjetiva de seus habitantes. Para o autor, na virada do século XIX para o XX, a metrópole e seus instrumentos de modernização – trânsito acelerado, buzinas, anúncios, cartazes, vitrines – imprimiram nos indivíduos uma 'intensificação dos estímulos nervosos'. Nas palavras de Simmel: "Com cada atravessar de rua, com o ritmo e a multiplicidade da vida econômica, ocupacional e social, a cidade faz um contraste profundo com a vida de cidade pequena e a vida rural no que se refere aos fundamentos sensoriais da vida psíquica" (1987, p. 12).

Simmel percebe que a metrópole exige mais da percepção humana uma vez que exibe uma miríade de imagens, movimentos, ritmos e sons, produzindo um efeito de hiperestimulação ao qual os indivíduos não estão acostumados. O pesquisador Ben Singer acrescenta que:

> A cidade moderna parece ter transformado a experiência subjetiva não apenas quanto ao seu impacto visual e auditivo, mas também quanto às suas tensões viscerais e suas cargas de ansiedade (Singer, 2001, p. 106).

Esse novo quadro da vida urbana constitui uma experiência subjetiva e sociocultural de interação, intensidade e fragmentação, produzindo reconfigurações nos aparelhos sensoriais e perceptivos do indivíduo moderno.

Jonathan Crary tem uma posição similar às de Simmel e de Singer. Para Crary, os novos aparelhos sensoriais baseados na visão inauguraram uma mudança profunda nos fundamentos da visão. Em sua obra *Techniques of the Observer* (1992), Crary defende que a Modernidade instaurou um modelo de visão completamente distinto do período clássico. O modelo clássico baseava-se no modelo figurativo do Renascimento, segundo o qual a visão baseava-se no modo de funcionamento da câmera obscura. A câmera obscura possuía um dispositivo que enclausurava o indivíduo em um cubículo escuro e o deixava diante da presença exclusiva da imagem, deixando o espectador isolado do mundo. A câmera obscura instaura um modelo de visão que podemos chamar de observação estável: o objeto e, consequentemente, o mundo são estáveis e a visão é uma faculdade objetiva da mente. Se a visão é objetiva, ela é também independente do ponto de vista do observador: "Na câmara obscura, um observador ideal tem a capacidade de apreender instantaneamente os conteúdos inéditos de um campo de visão" (Crary, 2001, p. 40). Richard Rorty (1994) explica que a visão era uma espécie de espelho da mente: um espelhamento objetivo de uma realidade estável.

Inspirado no modelo da câmera obscura, o ato de ver é separado do corpo físico. Nesse sentido, a visão figurativa é mais do que um simples modelo de visão: ela se alinha com a noção de subjetividade clássica e com o processo de produção de conhecimento cartesiano. Para Descartes, enquanto categoria de conhecimento, a percepção é um atributo da alma. E o corpo não desempenha nenhum papel no processo de representação. Tal como a produção de conhecimento, a visão se descorporaliza. Operando em sintonia perfeita com o processo de conhecimento representacional cartesiano, este modelo de visão vigorou até fins do século XVIII. Segundo Crary, esse modelo de visão é destituído de seu trono no século XIX, quando o ideal de observação estável é substituído pelo ideal de uma observação em movimento. Neste período histórico são criados aparelhos de visão, como o diorama, o fenaquistoscópio e o estereoscópio, que se caracterizam por exibir imagens em movimento, imagens múltiplas, imagens tridimensionais e, até mesmo, colocar o observador em movimento.

A visão, assim como outras formas de percepção e sensações, passa a depender menos de estímulos externos e mais da fisiologia do corpo. Se a câmera obscura havia sido o dispositivo de visão clássico, o estereoscópio – dispositivo produtor de visão binocular e tridimensional – torna-se o instrumento da visão moderna. O estereoscópio simboliza um momento em que o corpo, o ponto de vista e os componentes subjetivos interferem no processo de percepção visual. O século XIX é também o momento em que se descobre que nosso aparelho visual não funciona de modo homogêneo. Temos uma visão frontal que nos permite ver "perfeitamente" os objetos que estão à nossa frente e temos uma visão periférica, que nos permite apenas uma visão parcial, difusa dos objetos que se encontram à nossa lateral.

Crary faz também uma diferenciação dos termos espectador e observador. Para o autor, enquanto espectador, da raiz latina *espectare* significa apenas *olhar para*, observador significa "adequar os atos a, aceder" (1992, p 6). O observador é também alguém que observa regras e códigos de comportamento. O observador é alguém que está constrangido dentro de um sistema de convenções e limitações. Esta noção é básica para a argumentação, pois destaca o modo pelo qual o autor considera que a mudança vai além de uma simples novidade no sistema de visibilidade. Crary considera que há aqui uma mudança completa no modo de produção de subjetividade do indivíduo moderno. Os dispositivos de visão criados no início do século XIX passam a envolver, além da visão, o arranjo dos corpos no espaço e as regulamentações da atividade do observador dentro do regime de consumo. A diferença aqui é de peso, uma vez que a ideia de objetividade cede lugar aos princípios de subjetividade da visão. A análise de Crary, entretanto, não cessa aí. O pensador explica ainda como as novas configurações políticas, sociais e econômicas das grandes cidades produzem o excesso de estímulos que são a base de um tripé que irá reinventar o psiquismo do indivíduo moderno e associá-lo às tecnologias do espetáculo e da disciplina.

Do mesmo modo que Simmel, Jonathan Crary também entende que a experiência na cidade moderna submete a percepção a uma experiência de fragmentação, excesso de estímulo, choque e dispersão (2001, p. 1). A experiência moderna, com seu excesso de estímulos, gera um problema de distração. Essa experiência de distração só pode ser entendida através de sua relação recíproca com a ascensão de normas e práticas de regulamentação do indivíduo na sociedade. Neste contexto, o conceito de atenção ocupa um lugar privilegiado. Crary define a atenção como capacidade de prestar atenção, ou seja "desconectar-se de um campo mais amplo de atração, seja visual ou auditivo, a fim de isolar-se ou focar-se em um número reduzido de estímulos" (2001, p. 1). A conclusão do autor é que a importância da atenção para a experiência moderna é seu status duplo de permitir a reflexão filosófica sobre as mudanças no campo da visão e da percepção e nos trabalhos de aplicação das técnicas de biopoder. A atenção torna-se ingrediente fundamental da concepção de visão subjetiva: 1) atenção é meio de o observador ultrapassar limites e ter percepções próprias; 2) atenção é modo de o indivíduo se concentrar para os treinamentos disciplinares e ser anexado por agenciamentos externos (2001, p.5). Nesse sentido, a atenção serve tanto às liberdades de escolha na fragmentação da percepção (de um mundo que não é mais uno) quanto serve aos imperativos disciplinadores da produção. Um pouco mais tarde servirá também aos desígnios do consumo.

O argumento central de Crary é que durante as duas últimas décadas do século XIX, a modernidade capitalista gerou uma recriação constante das condições de experiência sensorial, que poderia ser chamada de uma revolução dos meios de percepção. (2001, p. 13). Aqui cabe observar que Crary faz uma diferenciação dos termos visão e percepção. Por visão, o autor entende uma camada do corpo que pode tanto ser capturada e modelada por técnicas externas, quanto pode escapar delas e criar afetos e intensidades. Por percepção, Crary entende que é um modo de indicar um sujeito definível em termos de mais do que um sentido único de visão, também em termos de audição e tato (2001, p. 3).

Fruto das mesmas tecnologias que produziram a metrópole, o cinema foi um meio de comunicação que forneceu a capacitação perceptiva, sensorial e cognitiva para lidar com os estímulos da vida moderna. Leitores de Georg Simmel, Siegfried Kracauer e Walter Benjamin foram pioneiros nessas análises sobre o cinema.

Siegfried Kracauer argumenta que o trabalho alienado da fábrica e a burocracia do escritório tornavam pobre e entediante a vida na metrópole. As excitações e os sensacionalismos do cinema funcionavam como uma válvula de escape das tensões do trabalho (apud Singer, p. 96).

Já Walter Benjamin em seu clássico *A Obra de Arte na era de sua reprodutibilidade técnica* destaca que a fragmentação visual e a montagem rápida do cinema traduzem a experiência do choque e da intensidade dos estímulos da vida moderna. Para Benjamin, a maior contribuição do cinema é sua capacidade de servir como instrumento de elaboração da experiência na metrópole:

O filme serve para exercitar o homem nas novas percepções e reações exigidas por um aparelho técnico, cujo papel cresce cada vez mais em sua vida cotidiana. Fazer do gigantesco aparelho técnico do nosso tempo o objeto das inervações humanas – é essa a tarefa histórica cuja realização dá ao cinema o seu verdadeiro sentido (1994, p. 174).

Para Benjamin, o desenvolvimento da gramática cinematográfica – com suas características de fragmentação, montagem rápida e síntese do movimento – teve uma dupla função pedagógica: 1) capacitar o espectador para, pari passu, aprender a linguagem do cinema; 2) capacitar o cidadão para os estímulos e as mudanças introduzidas pela vida na cidade.

De fato, a linguagem específica do cinema (montagem, linguagem de planos, movimentos de câmera, recursos sonoros, efeitos especiais entre outros), desenvolvida ao longo de suas três primeiras décadas de existência, capacitou o cidadão da metrópole moderna. Segundo conta a lenda, os espectadores que estiveram presentes na primeira sessão de cinema, produzida pelos Irmãos Lumière, ao ver a exibição da imagem de L`Arrivée d'un train à La Ciotat saíram correndo da sala do Grand Café de Paris. O motivo de tal reação: seus órgãos sensoriais e perceptivos nunca antes haviam sido submetidos à experiência de assistir a uma imagem em movimento representando a realidade. Portanto, não souberam diferenciar entre a imagem do trem representada na tela e a realidade. Quarenta anos após, esses espectadores e/ou seus filhos assistiram a filmes de longa-metragem da estatura de *E o Vento levou* (1939) e *Cidadão Kane* (1941) completamente adaptados a seus efeitos especiais e recursos linguísticos.

Os primórdios do cinema parecem balizar o fato de que

novas tecnologias se acoplam aos indivíduos, modulando seus processos sensoriais, perceptivos e cognitivos, reconfiguram as condições sociais, políticas e econômicas, influenciando toda a esfera de saberes e poderes.

Na próxima seção, iremos entender porque as mídias e redes digitais intensificam esses processos, revelando que, nesse percurso, não se trata apenas de reconfigurar os sentidos, mas de reinvindicar um novo modo de entender o humano e seus processos cognitivos e comunicativos, incluindo aí os afetos e fatores não conscientes.

3.2 As modulações afetiva e cognitiva nas mídias digitais

As viradas cognitiva e afetiva permitem observar que a modulação do aparato sensório, perceptivo e cognitivo é uma codeterminação entre corpo/mente (organismo) e mundo (Varela, 1990; Varela, Thompson & Rosch, 2001); a codeterminação é embasada pelo princípio de individuação psíquica, individual e coletiva (Simondon, 2020), pelo corpo autoorganizado, consolidando a mediação radical proposta por Grusin (2015a). As mudanças de percepção em contextos e períodos históricos distintos a que se refere Walter Benjamin (1994, p. 169) poderiam ser pensadas como fruto dessa codeterminação entre sujeito e objeto[12], desse ajuste entre corpo/mente e meio (objetos técnicos e pessoas). Nesse sentido, a revolução digital iniciada no quarto final do século XX, por sua vez, estaria operando modulações em nossos saberes, subjetividades e mundo.

---

12 Em trabalhos anteriores (Regis, 2008a; Regis, 2011; Regis & Perani, 2010) denominamos essa codeterminação de capacitação cognitiva, ou seja, a ideia de que o indivíduo se acopla com a tecnologia e vai exercitando e ajustando suas habilidades sensoriais, perceptivas e cognitivas para a integração com as mídias e tecnologias emergentes.

3.3 As viradas cognitiva e afetiva nos primórdios da cultura digital

Desde o alvorecer da revolução digital, na década de 1990, a associação das mídias e redes digitais com a produção de conhecimento e de aprendizado fez-se perceptível. É emblemático, por exemplo, que uma das primeiras obras a discutir os processos da cultura digital chame-se *As Tecnologias da Inteligência: o futuro do pensamento na era da informática*, de Pierre Lévy (1993). Pesquisadores pioneiros da cibercultura, tais como Lemos (2002), Fragoso (2001), Santaella (2003), Primo (2007) e Johnson (2001; 2005), entre outros, também debateram o modo como as mídias digitais estimulam processos cognitivos.

Nessa primeira fase, as pesquisas da área de Comunicação e afins, que em décadas anteriores denunciavam o monopólio do pólo emissor pelos donos de empresas de mídia, viram na internet uma possibilidade de democratização do acesso das mídias digitais, com a liberação do pólo de emissor e a possibilidade de práticas comunicacionais com mais participação e interação entre os usuários.

Eu havia concluído o doutorado em 2002 e, nos anos que se seguiram, buscava novas vias de pesquisa. Iniciei realizando uma pesquisa exploratória que consistiu em um amplo mapeamento sobre o que pesquisadores debatiam sobre as Tecnologias da Informação e da Comunicação (TIC), então denominadas novas tecnologias de comunicação. Com base nessa pesquisa exploratória, duas coisas chamaram a atenção. Primeiro, o fato de que as teorias da Comunicação e de áreas afins ao abordar as mídias analógicas pendiam para uma visão mais crítica sobre os conteúdos midiáticos, defendendo que os Meios de Comunicação de Massa (MCM) não possuíam qualidades éticas, estéticas e/ou cognitivas. O segundo se referia ao fato de que, enquanto as mídias analógicas eram majoritariamente acusadas de possuir baixo teor cognitivo, a situação em relação às TIC era bem distinta: os autores apontavam aspectos do trabalho cognitivo exigido pelas mídias e produtos de entretenimento digitais. No entanto, verificamos também que, em sua maioria, esses estudos adotavam uma abordagem macrossocial. Observamos uma lacuna referente a um mapeamento mais completo e acurado sobre quais seriam precisamente essas habilidades e competências cognitivas e como efetivamente atuariam sobre as práticas comunicativas na contemporaneidade.

A proposta do projeto "Tecnologias de Comunicação e Novas Habilidades Cognitivas na Cibercultura" (Regis, 2008a) foi adotar uma perspectiva "micro" por meio da realização de uma pesquisa empírica, que possibilitasse o estudo dos produtos culturais em suas especificidades. Esperava-se poder ampliar a compreensão sobre essas mudanças e evitar definições generalizadas que homogeneizavam as práticas da então denominada cibercultura.

Essa ausência de investigações mais aprofundadas refletiam o problema dessa pesquisa (Regis, 2008a) que pode ser enunciado por meio de três questões: 1) quais as habilidades cognitivas são estimuladas no acoplamentos com as mídias e redes digitais?; 2) que práticas comunicativas são estimuladas nesse processo?; e, 3) qual o tipo de capacitação cognitiva está sendo promovido pela produção midiática e de entretenimento? Esta última questão era particularmente importante porque evidenciava a abertura de pensamento para os achados teóricos emergentes da investigação. A proposta não endossava nem pressupostos otimistas – como o da criação do coletivo inteligente, de Pierre Lévy (1999) – nem perspectivas pessimistas – como a da inevitável ascensão da sociedade dromocrática, de Paul Virilio (1996).

Buscamos, a seguir, sintetizar os resultados dessas pesquisas anteriores, elencando algumas das práticas sociais e comunicacionais e algumas das habilidades e competências que estariam sendo estimuladas no acoplamento com as mídias e redes digitais nos processos comunicativos contemporâneos. Por ter ficado claro que era necessário aprender linguagens, *softwares*, aplicativos e funcionalidades para o manuseio de mídias e redes digitais, propusemos que essa interação com a cultura digital produzia uma capacitação cognitiva.

Capacitação cognitiva na aurora da cultura digital

Lúcia Santaella (2003) ponderou que não saímos direto da cultura de massa para a cultura digital. Para a autora, a partir da década de 1980 apareceram dispositivos que potencializaram as cópias, como videocassetes e fotocopiadoras, gerando uma cultura do disponível e do transitório: surgiram videogames, videoclipes e TV a cabo. Santaella denominou essa fase intermediária de cultura das mídias. Para ela, na cultura das mídias:

> [...] esses dispositivos tecnológicos e as linguagens criadas para circularem neles propiciaram a escolha e o consumo individualizados em oposição ao massivo, fornecendo o treinamento adequado para buscarmos as informações e os entretenimentos desejados com a chegada dos meios digitais (Santaella, 2003, pp. 12 - 17, grifos nossos).

Chris Anderson (2006), em seu *A Cauda Longa*, analisou a evolução do mercado cultural desde antes da Revolução Industrial até a revolução do formato digital. Anderson argumenta que, com a disponibilidade de toda sorte de produto e gênero na rede, os consumidores não precisam ficar restritos aos *hits* e podem se dispersar. Na medida em que os consumidores se dispersam, o mercado se fragmenta em inúmeros nichos, formando grupos por afinidades e interesses comuns – diferente da era pré-industrial, separada pela geografia. Segundo Anderson, as redes de compartilhamento de arquivo (*peer-to-peer*) reúnem 10 milhões de usuários compartilhando músicas e filmes todos os dias. Essas pessoas pararam de comprar CDs e perderam o gosto pelos grandes *hits*: elas querem explorar novidades. Além de divulgar e distribuir as produções de artistas independentes, a Internet favoreceu a criação de novos modelos de "arte", como os *mashups* (tocar a faixa de um artista sobre outra) e os *spoofs* (criações sobre vídeos) pelo usuário comum.

O teórico norueguês Espen Aarseth (1997) cunhou dois termos – literatura ergódica e cibertextos – para estudar as especificidades do produto cultural mais característico das mídias digitais: os videogames. A ideia de literatura ergódica vem de *Ergodic*, do grego *ergon* (trabalho) e *hodos* (caminho). Refere-se a um tipo de texto que demanda do "usuário" um trabalho físico, corporal, um esforço não trivial, distinto do esforço que seria, por exemplo, a interpretação de um texto ou a movimentação dos olhos pela página no ato da leitura tradicional.

Os exemplos de literatura ergódica são o I-Ching, os MUD (Multi-User Dungeons)[13], algumas obras de vanguarda (*The Unfortunates*, de B. S. Johnson e *Rayuela*, de Julio Cortazar) e, evidentemente, os jogos de computador. A esses textos que demandam um desempenho corporal por parte do "leitor", Aarseth denomina de cibertextos. Para ele, os cibertextos são máquinas literárias e seus leitores são jogadores, que devem não apenas "ler", mas "explorar" o ambiente, perder-se, descobrir bônus e caminhos secretos.

---

13 Jogos em que vários participantes podem jogar simultaneamente. Os MUD surgiram em 1980 e, na medida em que foram de desenvolvendo, passaram a permitir que os usuários construíssem suas próprias paisagens e objetos textuais.

É interessante comparar a descrição das habilidades cibertextuais de Aarseth com duas habilidades que Johnson (2005) descreve como sendo inerentes aos jogos: sondagem e investigação telescópica. Johnson explica que grande parte dos videogames nos coloca diante de situações nas quais é preciso tomar decisões. Defende que aprender a tomar a decisão correta tem a ver com "aprender a pensar", o que atribui aos jogos a capacidade de desenvolver habilidades "intelectuais tradicionais", tais quais resolução de problemas, tomada de decisão e lógica. Para Johnson (2005), além da destreza manual ou visual, os jogos estimulam duas habilidades intelectuais fundamentais: a sondagem e a investigação telescópica.

Ao contrário de jogos tradicionais – como o xadrez – no mundo do videogame, as regras raramente são estabelecidas na íntegra antes do início do jogo. Frequentemente, a meta do jogo e as técnicas para alcançá-la não são conhecidas previamente: "tornam-se evidentes por meio da exploração do mundo" (2005, p. 35). Continua Johnson (2005, p. 35): "Você tem que sondar as profundezas lógicas do jogo para entendê-lo e, como na maioria das expedições investigativas, você obtém resultados por meio de tentativa e erro, tropeçando nas coisas, seguindo intuições".

A outra habilidade intelectual é a investigação telescópica. A partir da década de 1990, os videogames passaram a oferecer um número maior de objetivos, os quais precisam ser mentalmente organizados de modo aninhado e hierárquico. Para Johnson (2005, p. 43): "Chamo o trabalho mental de gerenciar simultaneamente todos esses objetivos de 'investigação telescópica' devido ao modo como eles se aninham um dentro do outro se assemelhando a um telescópio desmontado". Ou seja, a consecução de um objetivo implica outro que implica outro e assim por diante. O jogador precisa não apenas ter mentalmente organizados todos esses objetivos quanto administrar sua percepção visual e os reflexos sensório-motores relacionados a eles.

Outro tipo de possibilidade permitida pelo digital foram as facilidades de manuseio das mídias digitais para apropriações e combinações de todo tipo de conteúdo. Essas apropriações sempre existiram[14], mas, de acordo com Santaella, a diferença de suporte material de cada mídia "papel para o texto, película química para a fotografia e cinema, fita magnética para o som e o vídeo" (2003 p. 83) limitava um entrelaçamento mais completo entre mídias.

O diferencial do formato digital é que, ao importar todo tipo de texto, estilos e linguagens provenientes de todo tipo de mídia (oral, escrita, audiovisual) para a base digital, ele facilitou imensamente a circulação e o manuseio das linguagens (literárias, pictóricas, radiofônicas, fotográficas, cinematográficas e televisivas), dos recursos e das modalidades perceptivas das mídias e tecnologias de comunicação anteriores. Desse modo, permitiu a recombinação de formatos impressos, orais, audiovisuais, e intensificou o uso de habilidades táteis e proprioceptivas, ou, melhor dizendo, a modulação/sintonização de habilidades sensoriais, perceptivas e cognitivas e das intensidades afetivas com o meio ao redor, intensificando a mediação radical (Grusin, 2015a).

---

14 Esse processo de apropriação e recombinação de textos, saberes, estilos e linguagens é uma prática antiga na cultura ocidental. Lev Manovich explica que "De um modo geral, a maioria das culturas se desenvolveu tomando emprestado e retrabalhando formas e estilos de outras culturas; [...] A Roma Antiga remixou a Grécia antiga, o Renascimento remixou a Antiguidade;" (Manovich, 2005). Os meios de comunicação não fogem à regra: compartilham linguagens uns com os outros desde sua origem. O cinema incorporou técnicas e linguagens da fotografia e do teatro. O formato das histórias em quadrinhos foi inspirado na literatura e no cinema, e assim por diante. Ao explicar o conceito de hipermediação, Bolter & Grusin (1999, p. 36) afirmam que, já no século XV, os pintores holandeses costumavam incorporar em suas obras espelhos, pinturas dentro de pinturas, mapas, gráficos, textos, texturas e outros elementos.

A lógica da convergência digital potencializou os processos de busca, exploração, apropriação, recombinação e criação de textos. Isso pode ser comprovado pela proliferação de práticas como: redação de fanfictions, criação de *softwares open source*, criação de programas "Wiki", produção de vídeos "originais" ou de *spoofs*, *mashups*, dentre outras. Essa lógica de textos recombinados e interconectados não é nova, nem exclusiva da cultura digital. Em *Introdução à Semanálise*, Julia Kristeva inspirou-se nas ideias de dialogismo e de ambivalência (polifonia), contidas na obra de Mikhail Bakhtin, e propôs o termo intertextualidade para denominar a infinita possibilidade de intercâmbio e produção de sentidos entre obra e leitores. Para Kristeva, "intertextualidade é o cruzamento de enunciados tomados de outros textos" (1974, p. 111). Umberto Eco deu nova conotação, ao ampliar o conceito para abarcar outras mídias. Nas palavras de Eco: intertextualidade é a "capacidade do produto de uma mídia (livro, filme, revista etc.) citar direta ou indiretamente, por meio de repetição, paráfrase ou outro recurso, uma cena de filme, um trecho de obra literária, uma frase musical" (Eco, 1989, pp. 124-126). Conhecer previamente os textos citados ou homenageados é um desafio proporcionado pela obra para que o indivíduo consiga ter acesso às diversas possibilidades e aos elementos de decodificação da obra. Eco denomina esse repertório prévio de "enciclopédia intertextual" (1989). Além do repertório intertextual, atenção e percepção acurada para capturar essas mensagens escondidas são outras habilidades requeridas do público.

No âmbito da comunicação digital, a intertextualidade potencializa o uso de imagens, sons, músicas e texturas, multiplicando assim os signos da mediação e explorando a rica sensorialidade da experiência humana. O texto digital potencializa[15] modos de comunicação e de aprendizado pluridimensionais, multissensoriais, para além da linguagem verbal.

A intertextualidade/convergência digital estimulou dois outros fatores relacionados aos aspectos cognitivos das práticas de comunicação no cenário contemporâneo, evidenciando a sintonização/modulação e, portanto, a mediação radical, no acoplamento indivíduo-tecnologia. Primeiro: o surgimento crescente de novas interfaces e equipamentos (Ipods, Palm Tops, MP3 e MP4 Players, celulares com tecnologia WAP, aparelhos de simulação e equipamentos de realidade virtual) que não apenas se tornam suportes para tais recombinações, quanto exigem um refinamento das habilidades visuais, táteis, sonoras e proprioceptivas (habilidades táteis finas para manuseio e digitalização em aparelhos muito pequenos; habilidades de visualização em telas minúsculas e divididas; habilidade para manusear diversos tipos de joysticks e aparelhos de controles remotos; capacidade de aprender novas interfaces, aplicativos e *softwares*; e habilidades de codificar e decodificar textos abreviados para comunicação rápida, entre outras). Segundo: os recursos de comunicação em rede e de comunicação móvel favorecem a efervescência da produção e troca de produtos e informações, incrementando o surgimento dos sites de redes sociais, comunidades virtuais, sites de relacionamento que requerem perspicácia no trato social e emocional.

Um dado que nos chamou atenção desde o início nesse breve mapeamento é que as habilidades descritas pelos autores citados pertencem a um amplo repertório cognitivo, envolvendo capacidades sensoriais, perceptivas, linguísticas, criativas e sociais,

---

15 Optamos pelo uso do termo "potencializa", pois entendemos que corpo, contexto e multiplicidade de linguagens existem e importam na produção de sentido das mídias analógicas. O que queremos ressaltar com o termo "potencializa" é que, o digital, por suas características de multimodalidade, intertextualidade e hipermedialidade, evidencia a importância da modulação sensorial e do repertório intertextual.

além de atividades relacionadas às formas tradicionais de inteligência, tais como lógica, resolução de problemas, análise, reconhecimento de padrões e tomada de decisão.

Os produtos de comunicação e entretenimento digitais pareciam demandar não apenas atividades relacionadas às habilidades superiores do intelecto, mas também a ação do corpo (habilidades táteis e proprioceptivas) e de formas cognitivas (inteligência social e inteligência emocional), irredutíveis às habilidades representacionais e conteudísticas pelas quais costumamos julgar as formas tradicionais da cultura de massa. Por se tratar de habilidades que requerem capacitação em diversas áreas (lógica, criatividade, linguística, sensorial, afetiva e social), decidimos denominá-las por competências cognitivas. A decisão de adjetivar o conceito de competência (Perrenoud, 1999; Fleury & Fleury, 2001) adotado pelas áreas de educação, administração e sociologia teve o objetivo de marcar uma posição conceitual diferente do conceito de competência originário desses estudos. Como mostraremos no capítulo 4, o conceito de competência não problematiza as fronteiras sujeito e objeto; interior e exterior; humano e não humano e nem a ideia de que a cognição está associada prioritariamente às habilidades superiores da mente. Ao qualificar o conceito de competências com o adjetivo cognitivas, nos referimos à ideia de uma cognição ampliada (corporificada e situada), que abarcasse não apenas as habilidades lógicas, de criatividade e linguísticas, mas também e, principalmente, as habilidades sensório-motoras, afetivas e sociais (Regis, 2008b).

Como consolidação desse levantamento teórico realizado – somado a pesquisas empíricas[16] realizadas pelo grupo de

---

16 Estamos nos referindo aos projetos *Tecnologias de Comunicação e Novas Habilidades Cognitivas na Cibercultura* – Prociência 2008–2011; *Tecnologias de Comunicação, Entretenimento e Capacitação Cognitiva na Cibercultura* – Prociência 2011–2014; *Tecnologias de Comunicação, Entretenimento e Capacitação Cognitiva na Cibercultura* – PQ/CNPq 2013-2016).

pesquisa CiberCog, com o objetivo de analisar como a fruição de produtos culturais (séries de TV, games, histórias em quadrinhos e filmes) estimula o desenvolvimento de competências cognitivas nos jovens –, concluímos que as mídias digitais e os produtos de entretenimento estimulam o desenvolvimento das seguintes competências: 1) capacidade de participação (busca de informação desejada, produção e criação de conteúdo e exploração de ambientes midiáticos); 2) aprendizado e construção de linguagens multimodais (nas plataformas midiáticas, nas interfaces e nos diferentes usos e apropriações dos *softwares*); 3) criações de produtos midiáticos resultantes das interações sociais; e 4) estímulo a diferentes tipos de atenção e habilidades sensoriais e proprioceptivas, dentre outras habilidades que já antecipam a necessidade de ampliarmos o campo do que consideramos digno de aprendizagem para além da cultura das letras e do impresso. Por esse motivo, essas competências foram agrupadas em cinco categorias: (ciber)textuais, lógicas, sensoriais, sociais e criativas (Regis, 2008b).

Também com base em nossas pesquisas teóricas e empíricas (Schmidt & Vandewater, 2008; Regis & Perani, 2010; Regis, 2011; Regis *et al*, 2009; Nuñez-Janes, Thornburg, & Booker, A., 2017); Ferrés & Piscitelli, 2012; Timponi, 2015; Perani, 2016; Messias, 2016; Maia, 2018; Ortiz, 2018), concluímos que as práticas com as mídias digitais favorecem tanto o desenvolvimento de competências associadas à cultura letrada clássica (interpretação de textos, sistemas de linguagens, lógica, atenção focada, percepção seletiva, habilidades espaciais, capacidade de resolução de problemas) quanto de competências potencializadas por recursos multimidiáticos e hipertextuais, por exemplo: uso simultâneo de multiplataformas, colaboração para a produção de conteúdo, exploração de ambientes midiáticos, atenção dividida, multitarefa; autonomia, experiência prévia, criatividade, aprendizado por tentativa e erro, descentralização.

As competências potencializadas por recursos multimidiáticos e hipertextuais estão associadas às características da cultura digital que alguns autores denominam de cultura participativa (Jenkins, 2008; Shirky, 2011) ou cultura da convergência (Jenkins, 2008). Pesquisadores associados aos *Game Studies* denominam as competências digitais de *Game-based learning* (Prensky, 2001; Squire, 2011) em contraposição a *Book-based learning*. James Paul Gee denomina as competências estimuladas pelo *Game-based learning* de bons princípios de aprendizagem. Para Gee, os bons princípios de aprendizagem (2005) são aqueles que habilitam o aprendiz a, de fato, aplicar seu conhecimento na vida social e profissional, e compreender os fundamentos conceituais de seu campo de aprendizagem. Segundo Gee, os bons princípios de aprendizagem são: identidade; interação; produção; riscos; customização; agência; boa ordenação dos problemas; desafio e consolidação; "na hora certa" e "a pedido"; sentidos contextualizados; frustração prazerosa; pensamento sistemático; exploração, pensamento lateral, revisão dos objetivos; ferramentas inteligentes e conhecimento distribuído; equipes transfuncionais e performance anterior à competência (2005, p. 33-7). Paul Gee afirma que os bons princípios de aprendizagem da cultura participativa se contrapõem ao aprendizado burocrático em que o aprendiz "decora" conteúdos para serem repetidos em uma prova escrita, mas, não consegue incorporá-los em sua vida concreta, o que aqui no Brasil denominamos por analfabetismo funcional.

Como desdobramento desses resultados, na pesquisa seguinte (Tecnologias de Comunicação e Competências Cognitivas na Cultura Contemporânea – PQ2/CNPq 2017-2020) nos dedicamos a investigar se "as habilidades cognitivas estimuladas pelas TIC no âmbito da cultura das mídias e do entretenimento podem ser apropriadas para o desenvolvimento cognitivo em outras áreas, como ensino-aprendizagem formal". Para isso, desenvolvemos uma pesquisa empírica fundamentada em pesquisa-intervenção e etnografia, aplicada por meio de oficinas com estudantes de escolas da rede pública de Ensino Fundamental II (6º ao 9º anos). As oficinas consistem em desenvolver, em conjunto com professores e estudantes, produtos de comunicação (vídeos, jogos, HQs, *book trailers*) tomando por base o conteúdo formal de uma disciplina do Ensino Fundamental II (6º ao 9º anos). O objetivo desta metodologia é introduzir técnicas atrativas da comunicação multimodal e metodologias ativas como estratégias para despertar o interesse do aluno no processo de construção do seu aprendizado, facilitando a assimilação de conteúdos e desenvolvimento das competências almejadas pelo ensino formal. Por meio das oficinas, estamos criando uma metodologia lúdica, participativa e multimodal para possibilitar o desenvolvimento de produtos tecnológicos, por meio da criação de aplicativos e videogames para o ensino.

A metodologia[17] tem apresentado excelentes resultados tanto na assimilação de conteúdos curriculares do Ensino Fundamental quanto no desenvolvimento de competências e letramentos almejados pela educação formal.

No capítulo 4, discutiremos as bases teórico-metodológicas dos conceitos de competência e de letramento, com o objetivo de demonstrar que ambos os conceitos ignoram as pesquisas no campo da psicologia cognitiva e neurociências que demonstram que os processos cognitivos não estão restritos a representações, interpretações e explicações sociolinguísticas.

---

17 Pesquisa descrita no artigo *Metodologia lúdica, afetiva e multimodal* (no prelo), de autoria de Fátima Regis, Raquel Timponi, Alessandra Maia, Letícia Perani e José Messias.

3.4 Da cultura da participação à plataformização da cultura

As perspectivas mais otimistas da cultura da participação começam a se dissipar a partir da década de 2010. Com a percepção de que havia grande concentração de poder e capital apenas em torno de cinco grandes empresas (Amazon, Apple, Facebook, Google e Microsoft) e devido a escândalos sobre vazamento de dados e não segurança na privacidade de dados, começa a haver uma abordagem mais crítica dos estudos da cultura digital. Nessa fase, os estudos vão se dirigir para as questões de modelos de negócios, datificação, algoritmização e plataformização.

O fenômeno das plataformas digitais é um dos principais lócus para estudar de que maneira os fatores não conscientes atuam sobre os processos cognitivos e comunicacionais conscientes. Poell, Nieborg & Van Dijck (2020) explicam que plataformização é a disseminação de infraestruturas tecnológicas e modelos de negócios das plataformas nos diferentes setores econômicos e esferas da vida. Envolve também a reorganização de práticas e imaginários culturais em torno dessas plataformas. A questão aqui é que as interações mediadas pelas plataformas são organizadas por meio de processos sobre os quais as "pessoas comuns", isto é, não letradas nos modos de funcionamento das plataformas e empresas digitais não compreendem os princípios éticos, legais, operacionais e práticos, tais quais: coleta sistemática de dados pessoais, processamento algorítmico, monetização e circulação de dados. Uma vez que tudo e todos estão conectados coleta-se não apenas dados demográficos ou dados de perfil, mas também metadados comportamentais. As plataformas transformam praticamente todas as instâncias de interação humana em dados: conteúdos assistidos, conversas, amizades, namoro, crenças, sentimentos, ranqueamentos, pagamentos, pesquisas e outras.

Assim, conforme vimos na seção 2.4, com os teóricos do afeto e da mediação radical (Grusin, 2015a), afetos e comportamentos podem ser intensificados pelo modo de operar dos algoritmos e *softwares* de inteligência artificial que amplificam, por meio de *feedback*, crenças arraigadas, preconceitos, comportamentos e afetos. O que à primeira vista podem parecer apenas inocentes retuítes, curtidas e compartilhamento de *posts* e memes nos sites de mídias sociais – Facebook, Twitter, Instagram, Youtube, entre outros –, revelaram-se bolhas de discursos de ódio, e desinformação, minando processos democráticos de debate público de ideias e cristalizando opiniões radicais.

Estudos recentes (Murrock *et al.*, 2018; Sangalang, Ophir & Cappella, 2019) sobre interação com conteúdos de desinformação, *fake news* e discursos de ódio na mídia demonstram que há primazia de afeto e afetações sensoriais na interação das pessoas com esses conteúdos. A algoritmização dos processos socioculturais gera bolhas sociais, intensificando humores afetivos, desinformação e ideias preconcebidas. Esses humores afetivos são gerados primeiramente como intensidades corporais, fatores não conscientes. Nesse processo, fica evidente o que Richard Grusin (2015a, p. 125) denomina de mediação radical, ou seja, além de operar como modos de produção de conhecimento, o acoplamento entre pessoas e mídias gera *moods* afetivos, individuais e coletivos entre pessoas e objetos técnicos. Nas palavras do autor:

> Eu argumento que, embora a mídia e as tecnologias da mídia tenham operado e continuem a operar epistemologicamente como modos de produção de conhecimento, elas também funcionam de modo técnico, corporal e material para gerar e modular humores afetivos, individuais e coletivos, ou estruturas de sentimento entre arranjos de humanos e não humanos.

A comunicação contemporânea potencializa modos de comunicação e de aprendizado pluridimensionais, para além da linguagem verbal e da cultura letrada. Para entender, por exemplo, o modo pelo qual algoritmos podem afetar nossas decisões, é imprescindível que se entenda as agências humanas e não humanas no processo de plataformização da cultura e a maneira como os algoritmos amplificam as intensidades afetivas "individuais", de modo a produzir humores com impactos sociais, políticos e econômicos muito mais abrangentes.

CAPÍTULO 4

PROBLEMATIZANDO COMPETÊNCIAS E LETRAMENTOS

Aprender não é adequar-se à flauta, mas agenciar-se com ela.
Virgínia Kastrup

Como mencionado na seção 3.3, nossa pesquisa sobre as modulações sensoriais e cognitivas resultantes das conexões com as mídias digitais e redes digitais convergiu com os estudos sobre formas de aprendizado na cultura digital e educação midiática. Por meio do grupo de pesquisa CiberCog e do Laboratório de Mídias Digitais (PPGCOM-UERJ), dedicamo-nos a investigar dois conceitos caros aos processos de ensino-aprendizagem: competências e letramentos.

Neste capítulo, realizamos uma breve exposição sobre os dois conceitos para entendermos que, ao não considerar as viradas cognitiva e afetiva, ambos mantêm-se atrelados a definições de cunho representacional e sociolinguístico, não conseguindo dar conta dos desafios colocados em cena pela cultura contemporânea.

4.1 Indo além das competências

O conceito de competência é bastante discutido no âmbito da psicologia cognitiva e das neurociências. Nesses campos, tal concepção é estudada a partir de suas interseções com as ideias de habilidade e de perícia, não chegando exatamente a um consenso sobre seus limites e fronteiras e questionando até que ponto são determinados pela genética ou refinados pelos processos de educação e sociabilização (Ceci, Barnett & Kanaya, 2003, pp. 70 - 71).

Neste texto, partiremos de uma discussão que tem florescido nos campos da administração, sociologia e educação. Nesse âmbito, a administração saiu na frente. Na década de 1970, os teóricos de administração e negócios observaram um descompasso entre a formação educativa e técnica dos trabalhadores e as necessidades efetivas do mundo do trabalho. Os estudiosos perceberam que mesmo uma excelente base de ensino formal e qualificação técnica não era suficiente para fazer face aos desafios de um mercado de trabalho dinâmico e complexo. Fleury & Fleury (2001, p. 185-6) observam que o termo qualificação se refere meramente à capacidade técnica: definida pelos requisitos do cargo ou posição e pelos saberes ou estoque de conhecimentos, certificados pelo sistema educacional. Já o conceito de competência busca ir além da ideia de qualificação técnica e estoque de conhecimentos.

Segundo Zarifian: "A competência é a inteligência prática para situações que se apoiam sobre conhecimentos adquiridos e os transformam com tanto mais força, quanto mais aumenta a complexidade das situações" (Zarifian, 1999 apud Fleury; Fleury, 2001, p. 187). Desse modo, a competência não se reduz nem somente à posse de um conhecimento teórico-técnico ou *know how* específico, nem somente ao saber prático, o "saber da rua". Para Boterf, competência se situa numa interseção entre três eixos: a pessoa (sua biografia), sua formação educacional e sua experiência profissional. Ou seja, a competência considera não apenas a educação formal do indivíduo, mas também sua história de vida, o meio social ao qual pertence, e os modos pelos quais se apropria e mobiliza os saberes aprendidos para a experiência concreta em seu meio social e profissional.

No campo da sociologia, considerando as aplicações do conceito de competência para a educação, destaca-se o sociólogo Phillipe Perrenoud (1999). Ele define competência como "[...] uma capacidade de agir eficazmente em um determinado tipo de situação, apoiada em conhecimentos, mas sem limitar-se a eles". (Perrenoud, 1999, p. 7). Também explica que em nossas ações cotidianas demonstramos o uso de competências e que essas "[...] competências manifestadas por nossas ações não são apenas conhecimentos, mas elas integram, utilizam ou mobilizam tais conhecimentos". (Perrenoud, 1999, p. 8). "Para enfrentar uma situação da melhor maneira possível, deve-se, via de regra, pôr em ação e em sinergia vários recursos cognitivos complementares, entre os quais estão os conhecimentos". (Perrenoud, 1999, p. 7). Para o autor, construir uma competência implica "[...] fazer relacionamentos, interpretações, interpolações, inferências, invenções, em suma, complexas operações mentais cuja orquestração só pode construir-se ao vivo, em função tanto de seu saber e de sua perícia quanto de sua visão da situação". (Perrenoud, 1999, p. 5).

Perrenoud (1999) estabelece que a abordagem por competências considera os conhecimentos como ferramentas a serem mobilizadas de acordo com as necessidades concretas, a fim de que se possa resolver problemas surgidos na escola, no trabalho e na vida de um modo geral. Diferente da pedagogia tradicional – que privilegia o saber puro e abstrato –, a pedagogia das competências considera as variações e emoções no campo das ações concretas. Desse modo, a aprendizagem não se restringe às atividades formais de sala de aula. Aprende-se lendo um livro; viajando; assistindo a um filme; jogando um videogame, conversando com os amigos, ou seja, aprende-se vivendo. O importante é conjugar situações de aprendizagem para que o conhecimento seja efetivamente incorporado, construindo assim competências. Para isso, quanto mais concreto, mais interessante ao indivíduo e mais integrado à sua vivência, mais facilmente o conhecimento será adquirido para a construção de competências.

O lema da pedagogia das competências é "aprender a aprender". O que significa que o aprendizado é uma constante. Fleury & Fleury (2001) destacam que a noção de competência aparece associada a ações, tais quais: "[...] saber agir, mobilizar recursos, integrar saberes múltiplos e complexos, saber aprender, saber engajar-se, assumir responsabilidades, ter visão estratégica". (Fleury & Fleury, 2001, p. 187).

A proposta da pedagogia das competências de Phillipe Perrenoud (1999) certamente é um grande avanço na compreensão de que o ensino formal precisa considerar que o processo de aprendizado repousa sobre fatores complexos, que não se reduzem ao acúmulo de conhecimentos e técnicas. Não obstante, gostaríamos de problematizar o conceito de competência do referido sociólogo. Ao lermos a obra de Perrenoud (1999) – e dos autores da administração supracitados –, verificamos a permanência da categoria filosófica de um sujeito que agora, além de mestre do conhecimento, parece ser o único agente a mobilizar saberes práticos, desenvolver habilidades, agir dentro de um contexto e pôr os recursos em sinergia. Esta ideia mantém a lógica de um sujeito centralizador, dono de livre arbítrio, mantendo também a separação de fronteiras entre sujeito e objeto, interior e exterior, humanos e não humanos. Queremos propor que esse processo de construção de competências seja organizado menos em torno de um sujeito centralizador e mais em função de uma rede sociotécnica, em que agentes humanos e não humanos estão distribuídos e não centralizados, modulando uns aos outros, numa acoplagem entre corpo/mente e meio, considerando um amplo espectro de habilidades e competências, incluídos aí as intensidades corporais e afetivas e outros fatores não conscientes.

4.2 Ampliando os letramentos: dos letramentos sociais às *new media literacies*

O surgimento da discussão sobre letramento

Segundo Luciana Piccoli, "A palavra letramento, no Brasil, teve sua origem documentada no campo das ciências linguísticas e da educação a partir da segunda metade dos anos de 1980" (2010, p. 259). Essa cronologia demonstra que o surgimento do debate sobre letramento no Brasil é contemporâneo às discussões internacionais que convergiram em torno de ideias de ampliação do conceito do que é saber ler e escrever (alfabetização), originando o campo dos *New Literacy Studies* (NLS), Novos Estudos em Letramento, em língua portuguesa. Um dos precursores da ampliação do conceito de letramento foi o pesquisador britânico Brian Street. Na década de 1970, ele realizou um estudo antropológico no Irã por meio do qual investigou os usos e os significados do letramento na vida cotidiana das pessoas. Street começou a questionar o conceito de letramento – que até então era visto como uma atividade neutra, uma mera habilidade técnica – e propôs que o letramento passasse "a ser considerado uma prática ideológica implicada em relações de poder e embasada em significados e práticas culturais específicas" (2010, p. 259).

O pesquisador americano James Paul Gee explica que *The* NLS entendeu *literacy* como algo que as pessoas fazem não apenas no interior de suas cabeças, mas no seio da sociedade.

O argumento da NLS é que literacy não é primeiramente um fenômeno mental, mas antes, um fenômeno sociocultural. Assim, letramento tem caráter eminentemente social, ou seja, é construído no campo social, por meio de práticas sociais, não se restringindo ao espaço da escola.

Na perspectiva das NLS, letramento (*literacy*) se torna plural: letramentos (*literacies*), uma vez que as práticas sociais que propiciam o letramento são múltiplas. Desse modo, explica Gee:

> Existem muitas práticas sociais e culturais diferentes que incorporam letramentos, assim como muitos "letramentos" diferentes (letramento legal, letramento de jogadores, letramento de música *country*, letramento de vários tipos). As pessoas não apenas leem e escrevem em geral, elas leem e escrevem tipos específicos de "textos" de maneiras específicas e essas formas são determinadas pelos valores e práticas de diferentes grupos sociais e culturais (Gee, 2010, p. 4).

Outra conquista importante das NLS é que, ao incluir diversas práticas sociais, e eventos, incluíram também as práticas de linguagem oral no conceito de letramento. As NLS problematizaram o divórcio entres sociedades orais e sociedades escritas, instituindo um debate profícuo sobre um *continuum* entre sociedades orais e escritas, com o grande mérito de desvelar o tom imperialista dos argumentos que sustentavam a superioridade das culturas baseadas na escrita (Olson, 1997).

No Brasil, o alargamento da concepção de letramento veio junto com uma certa confusão conceitual, uma vez que *literacy* foi traduzido por vários termos distintos, com significados também distintos: alfabetização, alfabetismo, letramento, lecto-leitura, cultura letrada. Luciana Piccoli explica as tensões e negociações brasileiras em torno do termo, destacando que as mesmas remetem às perspectivas teóricas e metodológicas que o fundamentam e que essas perspectivas estão impregnadas do contexto histórico e cultural em que surgiram (historicidade). A autora, que segue a linha teórica da NLS, define "alfabetização como o processo de aquisição da leitura e da escrita" e o termo letramento seria "o que se refere às práticas sociais, culturais e históricas que advêm das múltiplas possibilidades de utilização de tais habilidades, mesmo que distantes da forma convencional" (2010, p. 266).

Já quanto ao precursor do conceito ampliado de letramento no Brasil, não há dúvidas: o grande educador Paulo Freire é reconhecido internacionalmente como pioneiro da ideia de "letramento" no Brasil e no mundo. Em sua obra *O ato de ler*, ele defende que o ato de ler não se restringe à leitura e decodificação pura da linguagem escrita, mas à compreensão do mundo.

A concepção do que se entende por letramento é um processo – imerso na vida social e que acompanha e ajuda nas transformações desta – que ganhou adeptos no Brasil e no mundo. A pesquisadora Angela Kleiman (2005, p.18) explica que o processo de letramento não se reduz à mera assimilação de textos e obras eruditas, mas reflete todo um modo de atuação na vida em sociedade. Além disso, ser letrado não significa apenas apoderar-se dos códigos da cultura escrita, mas também ter domínio sobre todo tipo de leis, protocolos, práticas socioculturais que nos permitem atuar como cidadãos, exercendo o direito de pensar e atuar sobre o cotidiano, a política e o mundo em que vivemos.

Os estudos da NLS permitiram uma ampliação do conceito de letramento. Assim, os letramentos tornaram-se processos que se transformam junto com a sociedade, não ocorrem exclusivamente na escola e incluem aprendizados informais.

A partir de 1970, devido à percepção de que a as mídias (impressas, orais e audiovisuais) estavam cada mais capilarizadas por todos os setores da sociedade, sendo, portanto, fortes mediadoras entre o indivíduo e a sociedade, fez emergir discussões sobre os modos de apreensão dos conteúdos midiáticos. Ignacio Aguaded (2011) explica que nessa época surgem as áreas de Educomunicação e de Midia Educação e que a Unesco é pioneira em defender a importância de discutir as interfaces entre educação e comunicação e de incluir a discussão sobre mídia em programas escolares, na formação de professores, e mesmo na educação informal de famílias e trabalhadores desempregados.

No Brasil, contamos com duas grandes escolas Educomunicação (Soares, 2014) e Mídia e Educação (Fantin, 2011), que trazem competentes abordagens teórico-metodológicas e inspiram muitos projetos na área.

As discussões sobre mídia e educação fazem emergir um novo termo para pensar os letramentos, o conceito de letramento midiático ou alfabetização midiática (*media literacy* na língua inglesa; *alfabetización mediática*, em língua espanhola, *literacia midiática*, em Portugal).

Letramento midiático *(media literacy)*

O conceito de letramento midiático refere-se à ampliação da ideia de capacitação de ler e escrever de modo a abrcar as diversas mídias (impressas, audiovisuais, digitais e outras). Há também uma concordância de que é mister desenvolver um senso crítico para a fruição dos produtos de mídia e de entretenimento.

Sendo assim, James Paul Gee afirma que:

> Letramento midiático como campo preocupa-se com a forma como as pessoas dão significado e obtém significado

da mídia, ou seja, coisas tais quais anúncios, jornais, televisão e cinema. [...]. E dar e obter significado da mídia pode, é claro, envolver dar e obter significado de imagens, sons e "textos multimodais" (textos que misturam imagens e/ou sons com palavras) também (Gee, 2010, pp. 10 - 11).

Segundo a *National Association for Media Literacy Education*:

> Letramento midiático é a capacidade de acessar, analisar, avaliar, criar e agir usando todas as formas de comunicação. Em seus termos mais simples, o letramento midiático se baseia nos fundamentos do letramento tradicional e oferece novas formas de leitura e escrita. O letramento midiático capacita as pessoas a serem pensadores e criadores críticos, comunicadores eficazes e cidadãos ativos (Media, 2010, sem paginação).

Desse modo, entendemos que *media literacy* não trata apenas de pesquisar de que modo as pessoas produzem sentido por meio das mídias, mas também intervir para que desenvolvam discernimento crítico e reflexivo sobre os conteúdos das mídias.

As instituições de ensino têm buscado sistematizar estratégias de educação para o letramento midiático. Existem diversas abordagens colaborando com a inserção de diversos produtos e linguagens midiáticas nas escolas. Renee Hobbs, David Buckingham e Douglas Kellner são alguns dos principais pesquisadores na área.

Além de produzir sentido e ser crítico, Renee Hobbs (2011) e David Buckingham (2005) incluem as funções de 'leitura' e 'escrita' de conteúdos para as mídias.

David Buckingham (2005), por exemplo, atenta para a diferença entre *media education* (mídia-educação), ou seja, o processo de ensino-aprendizagem sobre os meios e *media literacy* (letramento midiático) que seria "o resultado – conhecimento e as habilidades que os estudantes adquirem. (2005, p. 4)

No âmbito da península Ibérica e América do Sul e Caribe, o texto *La Competencia Mediática: Propuesta articulada de dimensiones e indicadores*, dos pesquisadores Joan Ferrés e Alejandro Piscitelli (2012) foi amplamente adotado por pesquisadores de países de lingua portuguesa e espanhola. O texto estabelece seis áreas de competências midiáticas que devem ser desenvolvidas para se obter as competências necessárias para atuar como cidadãos plenos no mundo da cultura das mídias. As seis competências devem ser desenvolvidas nos âmbitos: linguagens; tecnologia; processos de interação; processos de produção e difusão; ideologias e valores; e estética. Conforme já mencionado na Introdução deste livro, o texto de Ferrés e Piscitelli foi amplamente adotado por pesquisadores da América Latina e Caribe e Península Ibérica.

4.3 Letramentos digitais

Em meados da década de 1990, a discussão sobre ampliação do conceito de letramento inaugurada na década de 1970, ganhou novos matizes com o advento das mídias e redes digitais. Uma vez que a cultura digital ampliou as possibilidades de acesso, produção e distribuição de conteúdo, inaugurou diversas plataformas de comunicação, revolucionando o panorama dos sistemas midiáticos, tornaram-se necessárias novas discussões sobre os novos letramentos.

Descreveremos brevemente três abordagens que emergem com as tecnologias digitais: *The New Literacies Studies*, Multiletramentos e *New Media Literacies Studies*.

The New Literacies Studies – TNLS

Segundo Paul Gee, *The New Literacies Studies* transferem o argumento das NLS sobre letramentos na cultura impressa para a cultura digital.

Se as NLS se dedicavam a estudar letramento de um modo diferente, as *The New Literacies Studies* estudam novos tipos de letramento para além do letramento impresso; dedicam-as aos letramentos digitais e às práticas de letramento incorporadas pela cultura da mídia e do entretenimento.

As *The New Literacies Studies* apenas atualizam a discussão dos letramentos para a cultura digital. Entendem a mídias e equipamentos digitais como tecnologias para dar e aprender o sentido das coisas, permanecem no campo da linguagem e representação de signos.

Multiletramentos

Multiletramentos (*multiliteracies*, em língua inglesa) é um termo que foi cunhado em meados da década de 1990 pelo *New London Group*. O grupo de pesquisadores se reuniu por uma semana na cidade New London (Connecticut, USA) e redigiu o manifesto *A Pedagogy of Multiliteracies – Designing Social Futures* (Uma Pedagogia de Multiletramentos – Desenhando Futuros Sociais). O grupo é formado por professores e pesquisadores oriundos de países marcados por conflitos culturais e pela indiferença quanto a essas questões na sala de aula, o que, segundo eles, contribui para aumentar a violência e a falta de perspectiva para os jovens.

Com o termo multiletramentos, os autores querem destacar duas mudanças significantes no panorama mundial de globalização que remetem à multiplicidade do termo letramento. O primeiro multi remete ao multiculturalismo para a crescente diversidade cultural e linguística advinda da crescente migração transnacional, possibilitada pelo processo de globalização. O segundo multi remete às formas multimodais de expressão e representação linguística, que proliferaram das diversas plataformas de comunicação que emergiram, sobretudo, a partir das mídias e redes digitais.

No Brasil, o termo multiletramentos e sua aplicação nas escolas foi difundido por Monica Fantin (2008) e Roxane Rojo & Eduardo Moura (2012). Os educadores destacam que o trabalho é feito a partir da cultura e história de vida dos alunos e a partir dos produtos midiáticos e de expressões de linguagem conhecidas por eles, enfatizando a importância de processos informais de letramento na constituição da subjetividade desses jovens.

The New Media Literacies (digital e cultura da participação)

Os autores que propõem a terminologia *New Media Literacies Studies* (NMLS) eram associados ao campo do letramento midiático/*media literacy* nos EUA. Eles se apoiam nos achados da perpectiva de TNLS (digital literacies) somados ao advento da cultura participativa. Os *New Media Literacies Studies* não são exatamente uma escola, mas alguns pesquisadores conhecidos no campo da cultura da mídia, como Henry Jenkins e Douglas Kellner adotaram essa nomenclatura.

James Gee explica que NMLS destacam quatro fatores que precisam ser aprofundados quando se trata das maneiras pelas quais as tecnologias digitais promovem grandes transformações na sociedade e na cultura da mídia:

> Primeiro: as ferramentas digitais estão mudando o equilíbrio de produção e consumo na mídia. [...] Segundo: as ferramentas digitais estão mudando o equilíbrio entre participação e espectador. [...] Terceiro: as

ferramentas digitais estão mudando a natureza dos grupos, formações sociais e poder.
[...] Quarto: todas as tendências acima estão levando ao fenômeno conhecido como "Pro-Ams" (2010, p. 13).

Desse modo, os NMLS enfatizam os modos pelos quais as tecnologias digitais e as mídias construídas a partir delas estão transformando a sociedade e, em particular, os sistemas de mídia contemporâneos.

O autor destaca que a diferença dos *New Media Literacies Studies* para o letramento midiático é que a ênfase não está apenas no modo pelo qual as pessoas respondem às mensagens da mídia, mas também no modo pelo qual elas se envolvem pro-ativamente em um mundo da mídia onde a produção, a participação, a formação de grupos sociais e os altos níveis de experiência não profissional são predominantes (2010, p. 13). Os *New Media Literacies Studies* se associam a estudos e pesquisas da cultura da participação e cultura digital.

Para seguir nossa argumentação, queremos analisar nesse trecho de Paul Gee duas coisas: a primeira é o envolvimento proativo nesse mundo da mídia e, a segunda se refere à predominância de altos níveis de experiência não profissional.

O envolvimento proativo não necessariamente garante um envolvimento com discernimento crítico. Em nossa tradição de cultura letrada, costumamos pensar que o conhecimento é um conjunto de saberes (simbólicos, abstratos, objetivos) demonstrando que se aprende a partir de leitura, cursos, interações sociais e acesso à informação. No campo da comunicação, escolas tais quais os estudos culturais e usos e apropriações, outros estudos de recepção e formas de circulação da informação avançaram bastante no quesito de demonstrar como o conteúdo é recebido de modo distinto por cada indivíduo e por grupos culturais diferentes; estudos oriundos da Psicologia também demonstram que as diferentes apropriações dependem da existência ou não de predisposições ao tema, julgamentos, valores pessoais, religiosos e outros.

Também é preciso analisar os pontos positivos e os negativos da proatividade e da experiência não profissional.

Por um lado, a proatividade e a experiência não profissional podem ser bastante positivas, se focarmos nos modos como o indivíduo se apropria de meios técnicos para a constituição de si mesmo e produção de sua própria subjetividade e sociabilidade. Pensemos no internauta que aprende e incorpora conteúdos, linguagens, *softwares*, funcionalidades de *gadgets*, protocolos de comunicação em redes sociais; aprende a produzir remixá-los, compartilhá-los e utilizá-los em diferentes plataformas e suportes para escrever *fanfictions*, criar suas próprias composições musicais, produzir outras formas de expressão estética que façam sentido para si e para os grupos com os quais compartilha e sociabiliza.

Por outro lado, a proatividade e o não profissionalismo podem gerar um comportamento repetitivo, que se resume a postar, repostar e viralizar desinformações, não checar fontes, reforçando "bolhas" de discursos de ódio e conteúdos preconceituosos.

4.4 Como incluir as viradas cognitiva e afetiva no ensino-aprendizagem

> *Quando ouço pessoas reclamarem de estar sozinhas, então sei o que aconteceu: elas perderam o cosmos.*
> **D. H. Lawrence**

Reconhecemos os grandes avanços teóricos e metodológicos alcançados pelas abordagens supracitadas: a discussão sobre a não neutralidade dos processos de alfabetização; a ampliação do conceito de letramento para incluir práticas e saberes sociais; a ampliação do conceito de letramento para incluir as práticas orais, problematizando o divórcio entres sociedades orais e sociedades escritas, com o grande mérito de desvelar o tom imperialista dos argumentos que sustentavam a superioridade das culturas baseadas na escrita (Olson, 1997); a extensão das habilidades de letramento para abarcar as diversas expressões e ambientes midiáticos; as metodologias de inclusão de projetos de letramento midiático nas escolas, dentre inúmeras outras.

Não obstante seus vários avanços teóricos, as NLS, TNLS, Multiletramentos, NMLS deixam intocado os conceitos de mente, inteligência e processo cognitivo. Ignoram os avanços científicos das ciências cognitivas, neurociências e teóricos do afeto sobre o modo como fatores não conscientes se integram aos fatores conscientes; situações que são basilares para qualquer estudo sobre letramento, ensino e aprendizagem e educação para a mídia.

É nesse sentido que acreditamos que as concepções teóricas que seguem buscando explicar os comportamentos apenas a partir de construtivismo social e representações sociais possuem uma grande limitação de explicação sobre os acoplamentos com o ambiente midiático e o mundo ao redor. O acesso à informação e até mesmo capacitação para recepção crítica dos conteúdos midiáticos não parecem oferecer resultado quando há crenças arraigadas (questões religiosas, hábitos familiares arraigados, preconceitos, desinformação) que vão contra às informações objetivas oferecidas.

Como aprendemos com os teóricos da virada afetiva, estudos têm demonstrado que aspectos afetivos precedem os argumentos racionais. Meramente avaliar a capacidade de discernimento crítico e pensamento racional não resolve, uma vez que há fatores afetivos, intensidades orgânicas e não conscientes, que influenciam o comportamento e a tomada de decisões consciente.

É preciso debater os fundamentos teóricos que embasam as discussões sobre competências e letramentos e, consequentemente as limitações de seus instrumentos de investigação para as questões que a plataformização e algoritmização do mundo fazem emergir.

O que aprendemos com os estudos de mente e afeto distribuídos é que ao investigar os processos de letramentos em ambientes midiáticos precisamos considerar os fluxos multissensoriais, perceptivos, afetivos entre cérebro/corpo e mundo que permitem que nossa mente/corpo se module com e no ambiente (meio material e técnico).

O conceito de competência e as teorias sobre letramentos mantém intocados os conceitos de corpo-organismo, a codeterminação do par sujeito/objeto, a noção clássica de indivíduo (par substância/indivíduo). Essas teorias não se atualizaram para pensar as interações corpo/mente com a tecnologia e o meio. Desse modo, não conseguem pensar as modulações corpo/mente a partir das intensidades afetivas, fluxos informacionais e outros fatores não conscientes.

A perspectivas das viradas cognitiva e afetiva parecem rentáveis para analisarmos a situação contemporânea e buscarmos vias metodológicas que possibilitem investigar os fluxos e intensidades que circulam e são amplificados por meio de mediação distribuída, gerando *"moods"* de medo, ódio, insegurança, crença em *fake news* e desinformação e que não encontram explicações em análises estritamente sociolinguísticas, interpretacionais, semânticas e/ou conscientes. Exigem outro modelo cognitivo, outra concepção de mente, outra concepção de inteligência, não restritos aos processos de representações mentais e/ou sociais.

Há mais de meio século atrás, as incursões pioneiras de Paulo Freire e Brian Street partiram de formulações críticas e inovadoras, sustentando posições sobre o processo de alfabetização não ser neutro, nem meramente técnico, e sobre a importância de se ampliar a alfabetização para incluir formas de letramento orais e sociais que – naquela época e ainda hoje – "ofendem" a cultura das letras. As ideias sobre letramentos socioculturais, que hoje podem parecer evidentes e até corriqueiras, foram um salto quântico na década de 1970. Talvez hoje precisemos ampliar nossos horizontes conceituais, nossas percepções, nossos preconceitos e ideias preconcebidas. Talvez precisemos desbravar outras possibilidades de ontologia, de epistemologia. Talvez sejam bem-vindas mais algumas viradas teóricas e metodológicas sobre corpo, mente, dispositivos tecnológicos e afetos, que nos proporcionem um novo salto quântico no campo das ciências humanas e sociais para conectar vida, pensamento e matéria com a humanidade.

REFERÊNCIAS

AARSETH, Espen. *Cybertext*. Baltimore: John Hopkins University Press, 1997.

AGUADED, Ignacio. *Media education: an international unstoppable phenomenon UN, Europe and Spain support for edu-communication*. Revista Comunicar. 2011, v. 19, n. 37, pp. 7 - 8. Disponível: *Media education: an international unstoppable phenomenon UN, Europe and Spain support for edu-communication*.

AHMED, Sara. *Affective Economies*. Duke University Press: Social Text, 79, v. 22, n. 2, pp. 117 - 139, 2004.

ANDERSON, Chris. *A Cauda Longa*. Rio de Janeiro: Campus/Elsevier, 2006.

ARISTÓTELES. *Metafísica*. Porto Alegre: Globo, 1969.

BARAD, Karen. *Meeting the Universe Halfway*: Quantum Physics and the Entanglement of Matter and Meaning. pp. 97 - 185, Durham, NC: 2007.

BENJAMIN, Walter. A obra de arte na era de sua reprodutibilidade técnica. *In*: *Obras Escolhidas: magia e técnica, arte e política: ensaios sobre a literatura e a história da cultura*. 7 ed. São Paulo: Brasiliense, 1994.

BODEN, Margaret. Introduction. *In*: BODEN, Margaret A. *The philosophy of artificial life*. Oxford University Press, 1996.

BOLTER, Jay & GRUSIN, Richard. *Remediation: understanding new media*. Cambridge, Massachussets, 1999.

BRAIDOTTI, R. A Theoretical Framework for the Critical Posthumanities. *Theory, Culture & Society*. 2019; 36 (6): 31 - 61.

BRUNO, Fernanda. *Tecnologias cognitivas e espaços do pensamento*. 2003. Disponível em: http://www.pos.eco.ufrj.br/docentes/publicacoes/fbruno5.pdf

BUCKINGHAM, David. *Media Education: literacy, learning and contemporary culture*. Cambridge: Polity Press, 2005.

CECI, Stephen J.; BARNETT, Susan M.; KANAYA, Tomoe. Developing Childhood Proclivities Into Adult Competencies. *In*: STERNBERG, Robert; GRIGORENKO, Elena (Ed.). *The Psychology of abilities, competencies, and expertise*. Cambridge: Cambridge University, 2003.

CLARK, Andy. *Mindware: an introduction to the philosophy of cognitive science*. New York/Oxford: Oxford University Press, 2001.

CLARK, Andy. *Natural-Born Cyborgs: Minds, Technologies, and the Future of Human Intelligence*. New York and London: Oxford University Press, 2003.

CLOUGH, Patricia. The Affective Turn: Political Economy, Biomedia, and Bodies. *In*: GREGG, Melissa and SEIGWORTH, Gregory (ed.). *The Affect Reader Theory*. Durham & London: Duke University Press, 2010.

CRARY, Jonathan. *Suspensions of perception*: attention, spectacle, and modern culture. MIT Press, 2001.

CRARY, Jonathan. *Techniques of the observer*: On vision and Modernity of the 19th century. Cambridge: October Books, 1992.

CRARY, Jonathan. A Visão que se desprende: Manet e o observador atento do século XIX. *In*: CHARNEY, L.; SCHWARTZ, V. (Orgs.). *O Cinema e a invenção da vida moderna*. São Paulo: Cosac &Naify, 2004.

CROMBIE, A. C. *Science, art and Nature in medieval and modern thought*. Hambledon Press, 1996.

D`AMARAL, Márcio T. *O homem sem fundamentos*: sobre linguagem, sujeito e tempo. Rio de Janeiro: Editora UFRJ / Editora Tempo Brasileiro, 1995.

DAMÁSIO, António. *O mistério da consciência.* São Paulo: Companhia das Letras, 2000.

DELEUZE, Gilles; GUATTARI, Felix. *O que é a Filosofia?* São Paulo: Editora 34, 1992.

DENNETT, Daniel. *Kinds of Minds.* New York: Basic Books, 1996.

DESCARTES, René. *Discurso do método.* São Paulo: Nova Cultural, [1637] 1996. (Coleção Pensadores)

ECO, Umberto. A Inovação no seriado. *In*: ECO, Umberto. *Sobre os espelhos e outros ensaios.* Rio de Janeiro: Nova Fronteira, 1989.

FANTIN, Monica. Os cenários culturais e as multiliteracies na escola. *Comunicação e Sociedade*, v. 13, pp. 69 - 85, 2008.

_____. Mídia-educacão: aspectos históricos e teórico-metodológicos. *Olhar de professor*, v. 14, pp. 27 - 40, Ponta Grossa, 2011.

FELINTO, Erick. Delicado Horror: cinema de gênero e o incontrolável terror do feminino em *Grace, Teeth e Dans ma Peau*. *In*: REGIS, Fátima *et al* (orgs). *Tecnologias de Comunicação e Cognição*. Porto Alegre: Sulina, 2012.

FERRÉS, J.; PISCITELLI, A. Competência midiática: proposta articulada de dimensões e indicadores. Lumina, [S. l.], v. 9, n. 1, 2015. (Disponível em https://periodicos.ufjf.br/index.php/lumina/article/view/21183/11521).

FLATLEY, Jonathan. *Affective mapping: melancholia and the politics of modernism.* Massachusets, Harvard University Press, 2008.

FLEMING, J. Media literacy, news literacy, or news appreciation? A case study of the news literacy program at Stony Brook University. *Journalism & Mass Communication Educator*, 69 (2), pp. 146 - 165, 2014.

FLEURY, Maria Tereza; FLEURY, Afonso. Construindo o conceito de competência. *Revista de Administração Contemporânea*, São Paulo, n. esp., pp. 186 - 186, 2001.

FOUCAULT, Michel. *As palavras e as coisas.* 6 ed. São Paulo: Martins Fontes, 1992.

FOUCAULT, Michel. *Nietzsche, Freud & Marx – Theatrum Philosoficum*. 4. ed. São Paulo: Editora Princípio, 1987.

FRAGOSO, Suely. de interações e interatividade. *Revista Fronteiras Estudos Midiáticos*, São Leopoldo, RS, v. 3, n. 1, pp. 83 - 95, 2001.

FREIRE, Paulo. *A importância do ato de ler*. São Paulo: Autores Associados: Cortez, 1989.

GARDNER, Howard. *The mind's new science: a history of the cognitive revolution*. 2nd. Cambridge, Massachusetts: Basic Books, 1985.

GEE, James P. A Situated Sociocultural Approach to Literacy and Technology. *In*: BAKER, E. A., & LEU, D. J. (eds). *The new literacies: multiple perspectives on research and practice*, pp. 165 - 193, New York, NY: Guilford Press, 2010.

GEE, James P. *Good Videogames and Good Learning*. Phi Kappa Phi Forum, v. 85, n. 2, 2005. Disponível: http://norcalwp.org/pdf/Gee-Learning_Principles_Articles.pdf. Acesso em 28/06/2019.

GRUSIN, Richard. Radical Mediation. *Critical Inquiry*, v. 42, n. 1, pp. 124 - 148. Chicago: The University of Chicago Press, 2015a.

GRUSIN, Richard. *Premediation: Affect and Mediality After 9/11*. New York, Palgrave MacMillan, 2010.

GRUSIN, Richard. Prefácio. *In*: GRUSIN, Richard (Ed). *The Nonhuman Turn*. Minneapolis, London: University of Minnesota Press, 2015b.

HARAWAY, Donna. Um manifesto para os cyborgs: ciência, tecnologia e feminismo socialista na década de 80. *In*: HOLLANDA, Heloísa Buarque de. *Tendências e Impasses: o feminismo como crítica da cultura*. Rio de Janeiro, 1994.

HAYLES, Katherine. *How we became posthuman*. Chicago e Londres: University of Chicago, 1999.

HOBBS, Renee. *Digital and media literacy: connecting culture and classroom*. Thousand Oaks, California: Corwin Press, 2011.

HUI, Yuk. *On the existence of digital objects*. Minneapolis/London: University of Minnesota Press, 2016.

HUME, David. *Tratado sobre a natureza humana*. (Coleção Pensadores) São Paulo: Nova Cultural, [1739] 1996.

HUTCHINS, Edwin. *Cognition in the wild*. MIT/Bradford Books, 1996.

HUTCHINS, Edwin. *Distributed Cognition*. 2000. Disponível em: http://files.meetup.com/410989/DistributedCognition.pdf.

JACOB, François. *A lógica da vida*. Rio de Janeiro: Edições Graal, 1983.

_____. *O rato, a mosca e o homem*. São Paulo: Companhia das Letras, 1998.

JAMES, W. *The Principles of Psychology*. (Originally published in 1890). pp. 381 - 382, Cambridge, MA: Harvard University Press, 1981.

JENKINS, Henry. *Cultura da Convergência*. São Paulo: Aleph, 2008.

JOHNSON, Steven. *Cultura da interface*: como o computador transforma nossa maneira de criar e comunicar. Rio de Janeiro: Jorge Zahar, 2001.

JOHNSON, Steven. *Emergência: a dinâmica de redes em formigas, cérebros cidades e softwares*. Rio de Janeiro: Jorge Zahar, 2003.

JOHNSON, Steven. *Surpreendente! A televisão e o videogame nos tornam mais inteligentes*. Rio de Janeiro: Elsevier, 2005.

KANT, Emmanuel. *Crítica da Razão Pura*. Rio de Janeiro: Ediouro, [1781] [19–].

KASTRUP, Virgínia. *A invenção de si e do mundo: uma introdução do tempo e do coletivo no estudo da cognição*. Belo Horizonte: Autêntica, 2007.

_____. A cognição contemporânea e a aprendizagem inventiva. *In*: KASTRUP, Virgínia; TEDESCO, Silvia; PASSOS, Eduardo. *Políticas da cognição*. Porto Alegre: Sulina, 2008.

KRACAUER, Siegfried. *De Caligari a Hitler*: uma história psicológica do cinema alemão. Rio de Janeiro: Jorge Zahar, 1988.

KLEIMAN, Angela. *Preciso "ensinar" letramento?* São Paulo: Unicamp, 2005.

KRISTEVA, Julia. *Introdução à semanálise.* São Paulo: Perspectiva, 1974.

LAKOFF, George; JOHNSON, Mark. *Philosophy in the flesh.* Nova York: Basic Books, 1999.

LATOUR, Bruno. *Reassembling the social: an introduction to the Actor-Network-Theory.* Oxford: Oxford University, 2005.

LEDOUX, Joseph. *The Emotional Brain: The Mysterious Underpinnings of Emotional Life.* New York: Simon & Schuster, 1996.

LEMOS, André. *Cibercultura.* Porto Alegre: Sulina, 2002.

LÉVY, Pierre. *As Tecnologias da Inteligência.* Rio de Janeiro: 34 Letras, 1993.

LÉVY, Pierre. *Cibercultura.* São Paulo: Ed. 34, 1999.

LOCKE, John. *Ensaio sobre o entendimento humano.* São Paulo: Nova Cultural, 1996. (Coleção Pensadores)

MAIA, Alessandra. *Medo em jogo: performatividade sensorial nos videogames de horror.* 2018. 298 f. Tese (Doutorado em Comunicação) – Programa de Pós-Graduação em Comunicação, Universidade do Estado do Rio de Janeiro, Rio de Janeiro, 2018.

MANOVICH, Lev. *Remixing and Remixability*, 2005. Disponível em <http://www.manovich.net/DOCS/Remix_modular.doc>

MARCONDES, Danilo. *Iniciação à história da filosofia.* 7 ed. Rio de Janeiro: Zahar, 2002.

MASSUMI, Brian. *The Autonomy of Affect.* Cultural Critique, n. 31, The Politics of Systems and Environments, Part II. (Autumn, 1995), pp. 83 - 109.

MESSIAS, José. *Saudações do terceiro mundo: games customizados, gambiarra e habilidades cognitivas na cultura hacker.* 2016. 297 folhas. Tese. (Doutorado em Comunicação Social). Programa de Pós-Graduação da Escola de Comunicação, UFRJ, Rio de Janeiro, 2016.

MIGNOLO, Walter D. Colonialidade: O lado mais escuro da modernidade. *RBCS* v. 32, n. 94, junho/2017: e329402. Disponível em: https://doi.org/10.17666/329402/2017

MORAVEC, Hans Paul. *Mind Children*. Cambridge: Harvard University Press, 1988.

MORENTE, García. *Fundamentos de Filosofia*. 8 ed. São Paulo: MestreJou, 1980.

MURROCK, Erin; AMULYA, Joy; DRUCKMAN, Mehri; LIUBYVA, Tetiana. *Winning the War on State-Sponsored Propaganda: Results from an Impact Study of a Ukrainian News Media and Information Literacy Program*. Journal of Media Literacy Education, 10 (2), pp. 53 - 85, 2018.

National Association for Media Literacy Education. Disponível em: https://namle.net/publications/media-literacy-definitions/ 06 Abr 2010. Acesso em 22 Jan 2020.

NORMAN, Donald. *Things that make us smart*. Cambridge: Perseus Books, 1993.

NUÑEZ-JANES, M., THORNBURG, A., & BOOKER, A. (2017) *Deep Stories: Practicing, Teaching, and Learning Anthropology with Digital Storytelling*. Walter de Gruyter GmbH & Co KG.

OLIVEIRA, Luiz Alberto. Biontes, bióides e borgues. *In*: NOVAES, Adauto (org.). *O homem-máquina: a ciência manipula o corpo*. São Paulo: Companhia das Letras, 2003.

OLSON, David. *O Mundo no Papel*. São Paulo: Ática, 1997.

ORTIZ, Anderson de Almeida Cano. *Quase-digitais: anseios e visões dos jovens universitários cariocas usuários de multiplataformas*. UERJ: Programa de Pós-Graduação em Comunicação, (Tese de Doutorado), 2018.

PARMÊNIDES. *Os Pensadores Originários: Anaximandro, Parmênides, Heráclito*. 2 ed. Petrópolis: Vozes, 1993.

PERANI, Letícia. *O maior brinquedo do mundo: a influência comunicacional dos games na história da interação humano-computador*. 2016. 180 folhas. Tese. (Doutorado em Comunicação). Programa de Pós-Graduação em Comunicação, UERJ, Rio de Janeiro, 2016.

PERRENOUD, Philippe. *Construir as competências desde a escola*. Porto Alegre: Artmed, 1999.

PICCOLI, Luciana. Alfabetizações, alfabetismos e letramentos: trajetórias e conceituações. *Revista Educação Real*, Porto Alegre, v. 35, n. 3, pp. 257 - 275, set/dez, 2010. Disponível em: https://www.seer.ufrgs.br/educacaoerealidade/article/view/8961. Acesso em: 20 de jan. 2020.

POELL, Thomas; NIEBORG, David; DIJCK, José van. *Plataformização*. São Leopoldo: Revista Fronteiras (Unisinos), v. 22, n. 1, jan/abr, 2020.

PLATÃO. *A República*. São Paulo: Nova Cultural, 1996 (Coleção Os Pensadores).

PLATÃO. *Diálogos*: Mênon, Banquete, Fedro. Rio de Janeiro: Ediouro, [19–].

POPKIN, R. H. The sceptical origins of the modern problem of knowledge. *In*: CARE, N.S., GRIMON, R.H. (ed.). *Perception and personal identity*. Cleveland: Western Univesity Press, 1969.

PRENSKY, Mark. *Digital Game-Based Learning*. McGraw-Hill: New York, 2001.

PRIGOGINE, Ilya, STENGERS, Isabelle. *A nova aliança*. 3 ed. Brasília: Editora Universidade de Brasília, 1997.

PRIMO, Alex. *Interação mediada por computador*: comunicação, cibercultura, cognição. Porto Alegre: Sulina, 2007.

REGIS, Fátima. *Nós, Ciborgues: tecnologias de comunicação e subjetividade homem-máquina*. Curitiba: Champagnat, 2012.

REGIS, Fátima. Tecnologias de comunicação, entretenimento e competências cognitivas na cibercultura. *Revista Famecos*, Porto Alegre, v. 1, n. 37, pp. 32 - 37, dez. 2008b.

REGIS, Fátima. Práticas de Comunicação e Desenvolvimento Cognitivo na Cibercultura. In: *Revista Intexto*, Porto Alegre, UFRGS, v. 2, n. 25, pp. 115 - 129, dez. 2011.

REGIS, Fátima. *Tecnologias de Comunicação e Novas Habilidades Cognitivas na Cibercultura*. Projeto Prociência 2008-2011. Financiamento Uerj/Faperj, 2008a.

REGIS, Fátima. *Tecnologias de Comunicação, Entretenimento e Capacitação Cognitiva na Cibercultura.* Projeto Prociência 2011-2014. Financiamento Uerj/Faperj, 2011.

REGIS, Fátima. *Tecnologias de Comunicação, Entretenimento e Capacitação Cognitiva na Cibercultura.* Projeto financiado pelo CNPq – 2013-2016, Bolsa de produtividade PQ2, 2012.

REGIS, Fátima. *Tecnologias de Comunicação e Competências Cognitivas na Cultura Contemporânea.* Projeto financiado pelo CNPq 2017-2020, Bolsa de produtividade PQ2, 2016.

REGIS, Fátima. Tecnologias de Comunicação e Competências Cognitivas na Cultura Contemporânea – PQ2/CNPq 2017-2020, Bolsa de produtividade PQ2, 2019.

REGIS, Fátima; PERANI, Leticia. Entretenimento e capacitação cognitiva na cibercultura: análise comparativa dos games SimEarth, SimAnt, SimLife e Spore. *Comunicação, Mídia e Consumo* (São Paulo. Impresso), v. 7, pp. 121 - 139, 2010.

REGIS, Fátima; TIMPONI, R.; SILVA, Renata; MESSIAS, José. C.; MAIA, Alessandra; SOUZA, J. F. S.; MARTINS, Daniela; AGUIAR, M. F. Tecnologias de Comunicação, Entretenimento e Cognição na Cibercultura: uma análise comparativa dos seriados O Incrível Hulk e Heroes. *Logos* (Rio de Janeiro. Online), v. 17, pp. 30 - 41, 2009.

ROJO, Roxane; MOURA, Eduardo. *Multiletramentos na escola.* São Paulo: Parábola, 2012.

RORTY, Richard. *A filosofia e o espelho da mente.* 2 ed. Rio de Janeiro: Relume-Dumará, 1994.

SANGALANG, Angeline, OPHIR, Yotam, & CAPPELLA, Joseph N. *The Potential for Narrative Correctives to Combat Misinformation.* Journal of Communication 69 (2019) 298 - 319 Downloaded from https://academic.oup.com/joc/article-abstract/69/3/298/5481803.

SANTAELLA, Lúcia. *Cultura e artes do pós-humano:* da cultura das mídias à cibercultura. São Paulo: Editora Paulus, 2003.

SCHMIDT, M. E; VANDEWATER, E. A. *Media and Attention, Cognition, and School Achievement*. The Future of Children. v. 18 / n. 1 / Spring 2008, disponível em www.futureofchildren.org, acesso em 28/06/2019.

SHIRKY, C. *A cultura da participação*: criatividade e generosidade no mundo conectado. Rio de Janeiro: Zahar, 2011.

SIMMEL, Georg. "A metrópole e a vida mental". *In*: VELHO, Otávio (Org.). *O Fenômeno Urbano*. Rio de Janeiro: Ed. Guanabara, 1987.

SIMONDON, Gilbert. *On the Mode of Existence of Technical Objects*. Translated from the French by Ninian Mellamphy. University of Western Ontario, 1980.

SIMONDON, Gilbert. *A individuação à luz das noções de forma e de informação*. São Paulo: Editora 34, 2020.

SIMONDON, Gilbert. *L'individuation psychique et colletive*. Paris: Aubier, 1989.

SINGER, Ben. "Modernidade, hiperestímulo e o início do sensacionalismo popular". *In*: CHARNEY, Leo & SCHWARTZ, Vanessa (Orgs). *O Cinema e a invenção da vida moderna*. São Paulo: Cosac & Naify, 2004.

SOARES, Ismar de Oliveira. Educomunicação e Educação Midiática: vertentes históricas de aproximação entre comunicação e educação. *Comunicação & Educação*, v. 19, pp. 15 - 26, 2014.

SODRÉ, Muniz. Filosofia a toques de atabaque *In*: *Pensar Nagô*. Petropólis: Editora Vozes, 2017.

SQUIRE, Kurt. *Video Games and Learning: Teaching and Participatory Culture in the Digital Age*. Teachers College Press, 2011.

STERN, Daniel. *The Interpersonal world of the Infant*. London: Karnac Books, 1998.

STREET, Brian. *Social Literacies: critical approaches to literacy in development, ethnography and education*. London: Longman, 1995.

TAYLOR, Charles. *Sources of the self*: the making of modern identity. 8 ed. Cambridge, Massachusetts: Harvard University Press, 1996.

TIMPONI, Raquel. *Modos de leitura do jovem brasileiro contemporâneo*: uma análise dos produtos híbridos audiolivro e livroclip. Rio de Janeiro, 2015. Tese (Doutorado em Comunicação Social)-Escola de Comunicação, v. 2, Universidade Federal do Rio de Janeiro, Rio de Janeiro, 2015.

TURING, Alan. Computing Machinery and Intelligence. *In*: BODEN, Margaret A. (ed.) *The philosophy of Artificial Intelligence*. Oxford University Press, 1990.

VARELA, Francisco. *Conhecer: as ciências cognitivas, tendências e perspectivas.* Lisboa: Instituto Piaget, 1990.

_____; THOMPSON, Evan T.; ROSCH, Eleanor. *A mente corpórea: ciência cognitiva e experiência humana*. Lisboa: Instituto Piaget, 2001.

VERNANT, Jean-Pierre. *Mito e sociedade na Grécia Antiga*. Rio de Janeiro: José Olympio, 1992.

VIRILIO, Paul. *Velocidade e Política*. São Paulo: Estação Liberdade, 1996.

WALTER, Nathan & MURPHY, Sheila T. (2018) *How to unring the bell*: A meta-analytic approach to correction of misinformation, Communication Monographs, 85:3, 423-441, DOI: 10.1080/03637751.2018.1467564.

Composto especialmente para a Editora Meridional
em Le Monde Livre Std 11/13,2 e impresso na Gráfica Odisséia.